1949-2019
新中国气象事业70周年

砥砺奋进七十载
多彩贵州气象新

新中国气象事业 70周年·贵州卷

贵州省气象局

图书在版编目（CIP）数据

新中国气象事业70周年. 贵州卷 / 贵州省气象局编著. -- 北京：气象出版社，2022.12
ISBN 978-7-5029-7651-4

Ⅰ. ①新… Ⅱ. ①贵… Ⅲ. ①气象－工作－贵州－画册 Ⅳ. ①P468.2-64

中国版本图书馆CIP数据核字(2022)第016791号

新中国气象事业70周年·贵州卷
Xinzhongguo Qixiang Shiye Qishi Zhounian · Guizhou Juan

贵州省气象局　编著

出版发行：	气象出版社
地　　址：	北京市海淀区中关村南大街46号　　邮政编码：100081
电　　话：	010-68407112（总编室）　　010-68408042（发行部）
网　　址：	http://www.qxcbs.com　　E-mail：qxcbs@cma.gov.cn
策划编辑：	周　露
责任编辑：	张锐锐　孔思瑶　　终　审：张　斌
责任校对：	张硕杰　　责任技编：赵相宁
装帧设计：	新光洋（北京）文化传播有限公司
印　　刷：	北京地大彩印有限公司
开　　本：	889 mm×1194 mm 1/16　　印　张：13.25
字　　数：	340千字
版　　次：	2022年12月第1版　　印　次：2022年12月第1次印刷
定　　价：	280.00元

本书如存在文字不清、漏印以及缺页、倒页、脱页等，请与本社发行部联系调换

《新中国气象事业70周年·贵州卷》编委会

主　　编：赵广忠
副主编：汤筑强　李登文　刘曙光
成　　员：（排名不分先后）
　　　　　金建德　朱启才　穆仕超　周　枫　田　楠　刘吉贵
　　　　　杨利群　潘家园　林丽红　舒国勇　陈清乐　李　勇
　　　　　何玉龙　张　兵　罗彧珩　涂江华　田　月　石开银
　　　　　吴昊若　刘　婷　汤　蕊　李晓静　谌孙荣　周和平
　　　　　解　京　孙军毅　汪铭安　陈　晓　刘元萍

总 序

1949年12月8日是载入史册的重要日子。这一天，经中央批准，中央军委气象局正式成立，开启了新中国气象事业的伟大征程。

气象事业始终根植于党和国家发展大局，与国家发展同行共进、同频共振。伴随着国家发展的进程，气象事业从小到大、从弱到强、从落后到先进，走出了一条中国特色社会主义气象发展道路。新中国成立后，我们秉持人民利益至上这一根本宗旨，统筹做好国防和经济建设气象服务。在国家改革开放的大潮中，我们全面加速气象现代化建设，在促进国家经济社会发展和保障改善民生中实现气象事业的跨越式发展。党的十八大以来，我们坚持以习近平新时代中国特色社会主义思想为指导，坚持在贯彻落实党中央决策部署和服务保障国家重大战略中发展气象事业，开启了现代化气象强国建设的新征程。70年气象事业的生动实践深刻诠释了国运昌则事业兴、事业兴则国家强。

气象事业始终在党中央、国务院的坚强领导和亲切关怀下，与伟大梦想同心同向、逐梦同行。党和国家始终把气象事业作为基础性公益性社会事业，纳入经济社会发展全局统筹部署、同步推进。毛泽东主席关于气象部门要把天气常常告诉老百姓的指示，成为气象工作贯穿始终的根本宗旨。邓小平同志强调气象工作对工农业生产很重要，江泽民同志指出气象现代化是国家现代化的重要标志，胡锦涛同志要求提高气象预测预报、防灾减灾、应对气候变化和开发利用气候资源能力，都为气象事业发展指明了方向，鼓舞着我们奋勇前行。习近平总书记特别指出，气象工作关系生命安全、生产发展、生活富裕、生态良好，要求气象工作者推动气象事业高质量发展，提高气象服务保障能力，为我们以更高的政治站位、更宽的国际视野、更强的使命担当实现更大发展，提供了根本遵循。

在党中央、国务院的坚强领导下，一代代气象人接续奋斗、奋力拼搏，气象事业发生了根本性变化，取得了举世瞩目的成就。

70年来，我们紧紧围绕国家发展和人民需求，坚持趋利避害并举，建成了世界上保障领域最广、机制最健全、效益最突出的气象服务体系。

面向防灾减灾救灾，我们努力做到了重大灾害性天气不漏报，成功应对了超强台风、特大洪水、低温雨雪冰冻、严重干旱等重大气象灾害，为各级党委政府防灾减灾部署和人民群众避灾赢得了先机。我们建成了多部门共享共用的国家突发事件预警信息发布系统，努力做到重点灾害预警不留盲区，预警信息可在10分钟内覆盖86%的老百姓，有效解决了"最后一公里"问题，充分发挥了气象防灾减灾第一道防线作用。

面向生态文明建设，我们构建了覆盖多领域的生态文明气象保障服务体系，打造了人工影响天气、气候资源开发利用、气候可行性论证、气候标志认证、卫星遥感应用、大气污染防治保障等服务品牌，开展了三江源、祁连山等重点生态功能区空中云水资源开发利用，完成了国家和区域气候变化评估，组织了四次全国风能资源普查，探索建设了国家气象公园，建立了世界上规模最大的现代化人工影响天气作业体系，人工增雨（雪）覆盖 500 万平方公里，防雹保护达 50 多万平方公里，有力推动了生态修复、环境改善，气象已经成为美丽中国的参与者、守护者、贡献者。

面向经济社会发展，我们主动服务和融入乡村振兴、"一带一路"、军民融合、区域协调发展等国家重大战略，主动服务和融入现代化经济体系建设，大力加强了农业、海洋、交通、自然资源、旅游、能源、健康、金融、保险等领域气象服务，成功保障了新中国成立 70 周年、北京奥运会等重大活动和南水北调、载人航天等重大工程，积极引导了社会资本和社会力量参与气象服务，服务领域已经拓展到上百个行业、覆盖到亿万用户，投入产出比达到 1∶50，气象服务的经济社会效益显著提升。

面向人民美好生活，我们围绕人民群众衣食住行健康等多元化服务需求，创新气象服务业态和模式，大力发展智慧气象服务，打造"中国天气"服务品牌，气象服务的及时性、准确性大幅提高。气象影视服务覆盖人群超过 10 亿，"两微一端"气象新媒体服务覆盖人群超 6.9 亿，中国天气网日浏览量突破 1 亿人次，全国气象科普教育基地超过 350 家，气象服务公众覆盖率突破 90%，公众满意度保持在 85 分以上，人民群众对气象服务的获得感显著增强。

70 年来，我们始终坚持气象现代化建设不动摇，建成了世界上规模最大、覆盖最全的综合气象观测系统和先进的气象信息系统，建成了无缝隙智能化的气象预报预测系统。

综合气象观测系统达到世界先进水平。气象观测系统从以地面人工观测为主发展到"天—地—空"一体化自动化综合观测。现有地面气象观测站 7 万多个，全国乡镇覆盖率达到 99.6%，数据传输时效从 1 小时提升到 1 分钟。建成了 216 部雷达组成的新一代天气雷达网，数据传输时效从 8 分钟提升到 50 秒。成功发射了 17 颗风云系列气象卫星，7 颗在轨运行，为全球 100 多个国家和地区、国内 2500 多个用户提供服务，风云二号 H 星成为气象服务"一带一路"的主力卫星。建立了生态、环境、农业、海洋、交通、旅游等专业气象监测网，形成了全球最大的综合气象观测网。

气象信息化水平显著增强。物联网、大数据、人工智能等新技术得到深入应用，形成了"云＋端"的气象信息技术新架构。建成了高速气象网络、海量气象数据库和国产超级计算机系统，每日新增的气象数据量是新中国成立初期的 100 多万倍。新建设的"天镜"系统实现了全业务、全流程、全要素的综合监控。气象数据率先向国内外全面开放共享，中国气象数据网累计用户突破 30 万，海外注册用户遍布 70 多个国家，累计访问量超过 5.1 亿人次。

气象预报业务能力大幅提升。从手工绘制天气图发展到自主创新数值天气预报，从站点预报发展到精细化智能网格预报，从传统单一天气预报发展到面向多领域的影响预报和风险预警，气象预报预测的准确率、提前量、精细化和智能化水平显著提高。全国暴雨预警准确率达到 88%，强对流预警时间提前至 38 分钟，可提前 3～4 天对台风路径做出较为准确的预报，达到世界先进水平。2017 年中国气象局成为世界气象中心，标志着我国气象现代化整体水平迈入世界先进行列！

70 年来，我们紧跟国家科技发展步伐和世界气象科技发展趋势，大力加强气象科技创新和人才队伍建设，我国气象科技创新由以跟踪为主转向跟跑并跑并存的新阶段。

建立了较为完善的国家气象科技创新体系。我们不断优化气象科技创新功能布局，形成了气象部门科研机构、各级业务单位和国家科研院所、高等院校、军队等跨行业科研力量构成的气象科技创新体系。强化气象科技与业务服务深度融合，大力发展研究型业务。加快核心关键技术攻关，雷达、卫星、数值预报等技术取得重大突破，有力支撑了气象现代化发展。坚持气象科技创新和体制机制创新"双轮驱动"，形成了更具活力的气象科技管理制度和创新环境。气象科技成果获国家自然科学奖 26 项，获国家科技进步奖 67 项。

科技人才队伍建设取得丰硕成果。我们大力实施人才优先战略，加强科技创新团队建设。全国气象领域两院院士 35 人，气象部门入选"千人计划""万人计划"等国家人才工程 25 人。气象科学家叶笃正、秦大河、曾庆存先后获得国际气象领域最高奖，叶笃正获国家最高科学技术奖。一系列科技创新成果和一大批科技人才有力支撑了气象现代化建设。

70 年来，我们坚持并完善气象体制机制、不断深化改革开放和管理创新，气象事业从封闭走向开放、从传统走向现代、从部门走向社会、从国内走向全球。

领导管理体制不断巩固完善。坚持并不断完善双重领导、以部门为主的领导管理体制和双重计划财务体制，遵循了气象科学发展的内在规律，实现了气象现代化全国统一规划、统一布局、统一建设、统一管理，形成了中央和地方共同推进气象事业发展、共同建设气象现代化的格局，满足了国家和地方经济社会发展对气象服务的多样化需求。

各项改革不断深化。坚持发展与改革有机结合，协同推进"放管服"改革和气象行政审批制度改革，全面完成国务院防雷减灾体制改革任务，深入推进气象服务体制、业务科技体制、管理体制等改革，初步建立了与国家治理体系和治理能力现代化相适应的业务管理体系和制度体系，为气象事业高质量发展注入强大动力。

开放合作力度不断加大。与近百家单位开展务实合作，形成了省部合作、部门合作、局校合作、局企合作的全方位、宽领域、深层次国内开放合作格局。先后与 160 多个国家和地区开展了气象科技合作交流，深度参与"一带一路"建设，为广大发展中国家提供气象科技援助，100 多位中国专家在世界气象组织、政府间气候变化专门委员会等国际组织中任职，气象全球影响力和话语权显著提升，我国已成为世界气象事业的深度参与者、积极贡献者，为全球应对气候变化和自然灾害防御不断贡献中国智慧和中国方案。

气象法治体系不断健全。建立了《气象法》为龙头，行政法规、部门规章、地方法规组成的气象法律法规制度体系，形成了由国家、地方、行业和团体等各类标准组成的气象标准体系，气象事业进入法治化发展轨道。

70 年来，我们始终坚持党对气象事业的全面领导，以政治建设为统领，全面加强党的建设，在拼搏奉献中践行初心使命，为气象事业高质量发展提供坚强保证。

70 年来，气象事业发展历程中人才辈出、精神璀璨，有夙夜为公、舍我其谁的开创者和领导者，有精益求精、勇攀高峰的科学家，有奋楫争先、勇挑重担的先进模范，有甘于清苦、默默奉献的广大基层职工。一代代气象人以服务国家、服务人民的深厚情怀，谱写了气象事业跨越式发展的壮丽篇章；一代代气象人推动着气象事业的长河奔腾向前，唱响了砥砺奋进的动人赞歌；一代代气象人凝练出"准确、及时、创新、奉献"的气象精神，激发起干事创业的担当魄力|

70 年的发展实践，我们深刻地认识到，**坚持党的全面领导是气象事业的根本保证**。70 年来，在党的领导下，气象事业紧贴国家、时代和人民的要求，实现健康持续发展。我们坚持以习近平新时代中国特色社会主义思想为指导，增强"四个意识"，坚定"四个自信"，做到"两个维护"，把党的领导贯穿和体现到气象事业改革发展各方面各环节，确保气象改革发展和现代化建设始终沿着正确的方向前行。**坚持以人民为中心的发展思想是气象事业的根本宗旨**。70 年来，我们把满足人民生产生活需求作为根本任务，把保护人民生命财产安全放在首位，把老百姓的安危冷暖记在心上，把为人民服务的宗旨落实到积极推进气象服务供给侧结构性改革等各方面工作，促进气象在公共服务领域不断做出新的贡献。**坚持气象现代化建设不动摇是气象事业的兴业之路**。70 年来，我们坚定不移加强和推进气象现代化建设，以现代化引领和推动气象事业发展。我们按照新时代中国特色社会主义事业的战略安排，谋划推进现代化气象强国建设，确保气象现代化同党和国家的发展要求相适应、同气象事业发展目标相契合。**坚持科技创新驱动和人才优先发展是气象事业的根本动力**。70 年来，我们大力实施科技创新战略，着力建设高素质专业化干部人才队伍，集中攻关制约气象事业发展的核心关键技术难题，促进了气象科技实力和业务水平的不断提升。**坚持深化改革扩大开放是气象事业的活力源泉**。70 年来，我们紧跟国家步伐，全面深化气象改革开放，认识不断深化、力度不断加大、领域不断拓展、成效不断显现，推动气象事业在不断深化改革中披荆斩棘、破浪前行。

铭记历史，继往开来。《新中国气象事业 70 周年》系列画册选录了 70 年来全国各级气象部门最具有历史意义的图片，生动全面地记录了气象事业的发展足迹和突出贡献。通过系列画册，面向社会充分展示了气象事业 70 年来的生动实践、显著成就和宝贵经验；展现了气象事业对中国社会经济发展、人民福祉安康提供的强有力保障、支撑；树立了"气象为民"形象，扩大中国气象的认知度、影响力和公信力；同时积累和典藏气象历史、弘扬气象人精神，能够推动气象文化建设，凝聚共识，汇聚推进气象事业改革发展力量。

在新的长征路上，气象工作责任更加重大、使命更加光荣，我们将以习近平新时代中国特色社会主义思想为指导，不忘初心、牢记使命，发扬优良传统，加快科技创新，做到监测精密、预报精准、服务精细，推动气象事业高质量发展，提高气象服务保障能力，发挥气象防灾减灾第一道防线作用，以永不懈怠的精神状态和一往无前的奋斗姿态，为决胜全面建成小康社会、建设社会主义现代化国家做出新的更大贡献！

中国气象局党组书记、局长：刘雅鸣

2019 年 12 月

前 言

1949年10月1日，毛泽东同志在天安门城楼上向全世界庄严宣告中华人民共和国成立。新中国的成立，开启了实现国家富强、民族振兴、人民幸福的伟大新征程。

70年砥砺奋进，70年春华秋实。在中国气象局和省委、省政府的领导下，贵州省气象部门始终坚持解放思想和改革创新，以气象现代化建设为重点，加强气象综合防灾减灾体系建设，不断提高气象预测预报准确率，不断提升气象服务能力和服务水平，不断加大科技创新和人才队伍建设力度，强化气象法治建设，深入推进全面从严治党，气象事业发展不断取得新成效。

新中国成立的70年，中国气象走过了从最初的军队管理，到后来的地方管理，再到"双重领导，以部门为主"的管理体制之路；在事业发展上，实行"双重计划体制"，形成了中央和地方共同推进气象事业发展的新格局。1999年，按照中国气象局要求，实施事业结构战略调整，逐步形成了由气象行政管理、基本气象系统、气象科技服务与产业组成的事业框架。进入新世纪，农村综合经济信息中心、人工影响天气办公室等地方事业机构相继成立，贵州气象事业不断发展壮大。党的十八大以来，继续深化防雷减灾体制改革、县级气象机构综合改革，形成由气象行政机关、气象事业单位、气象服务企业构成的新型气象事业结构。

新中国成立的70年，是贵州气象现代化建设突飞猛进、变化翻天覆地的70年。从以地面人工观测为主到综合气象观测网，从手填手绘天气图和人工分析到今天的客观、定量、智能、精细化分析预报，从单一天气预报业务到气象预报预测、气象防灾减灾、气候资源开发利用、预警信息发布、生态环境气象、农业气象、水文气象、交通气象、旅游气象全面发展，从部门自我发展为主到省部合作、局校合作、局企合作、部门合作全方位推进，从莫尔斯通信、电传通信、传真通信到计算机及网络通信、卫星通信和地面宽带网络通信气象信息化建设稳步推进。气象事业的面貌、气象服务的面貌、气象台站的面貌都发生了历史性变化。2018年贵州气象现代化测评得分从2012年的西部落后水平提升到西部先进水平，部分指标达到了全国中上水平，已基本实现气象现代化。

新中国成立的70年，是贵州气象防灾减灾体系逐步健全完善的70年。70年来，面对天气气候背景复杂多变的严峻形势，做实了"党委领导、政府主导、部门联动、社会参与"的防灾减灾工作机制,建立了《重要气象信息专报》直报党政主要领导机制和各级政府领导到气象业务平台值班和指挥调度防灾减灾工作制度。国内首创"三个叫应"机制,建设"气象综合防灾减灾一张图"。8部新一代天气雷达组网运行,天气监测覆盖率提高30%;地面气象观测站基本实现自动化,乡镇覆盖率达100%。在全省观测空白区域和重点观测地区增补2部风廓线雷达、5部天气雷达和280个国家级区域观测站,优化升级综合气象观测体系,全省空中和地面人工影响天气作业年均增加降水25亿吨,增雨防雹保护面积达12万平方千米。贵州特色的基层人工影响天气"威宁模式"在全国推广。

新中国成立的70年,是贵州气象服务质量和效益大幅提升的70年。70年来,面对人民群众、社会各界日益增长的气象服务需求,面对重大活动的保障需要,贵州省气象部门主动服务党委政府决策,保障经济建设、社会发展和生态文明建设,气象服务的经济、社会和生态效益大幅提升,人民群众气象获得感明显增强,社会公众满意度保持在85分以上。灾害性天气预警信号发布准确率提升到83.3%,预警提前量提升到80.05分钟。在全国率先建成省、市、县三级预警信息发布中心。成功打造了"百姓气象站""气象万千""天气连线直播""黔气象"等广电和新媒体气象品牌节目。建立了手机短信发布绿色通道,暴雨红色预警短信通过三大通信运营商第一时间分县全网免费发布。打造气候品牌,助推贵州全域旅游,联合中国气象学会打造了"中国避暑之都·贵阳""六盘水·中国凉都"贵州避暑旅游的金字招牌。自2000年贵州农村综合经济信息网建成开通以来,贵州农经网从无到有,从有到优,不断发展壮大,建成的农经网、农经云、国家农村信息化示范省综合平台、"万村千乡"网页、贵州省农业园区网站、"淘宝黔"农产品电商平台和"喜乐乡游"旅游信息服务平台,已经成为政府指导农业农村发展的重要平台。2013—2018年,贵州年均因气象灾害造成的人员伤亡较前6年下降35.6%,直接经济损失占GDP的比重下降71%。

新中国成立的70年,是贵州气象科技创新能力和人才队伍综合素质显著提升的70年。70年来,贵州省气象部门围绕大气探测自动化、气象信息网络化、天气预报精准化、气象服务多样化的业务现代化建设,完成了一系列重大攻关项目。建立了"省市县短临预报预警一体化系统"。组织开发科技信息共享系统,实现科技项目信息化管理。依托气候监测预测分析系统（CIPAS），重点开展气候诊断、预测以及全省监测等。围绕气象现代化发展需求，推进气象科技创新工作，着力打造"三平台、四基地"（气象科技创新平台、大数据应用平台、众创众筹平台；冰雹防控外场试验基地、冻雨地面观测试验外场基地、农业气象外场试验基地、暴雨山洪外场试验基地）。构建了以登记制、招投标制为主要特点的科研项目管理制度，同时强化科研成果奖励和转化奖励。1980年以来，全省气象系统获各级、各类科技成果奖励200余项。贵州省气象部门不断实施人才强局战略，加强气象人才体系建设，努力培养一大批高素质高层次专业化的人才队伍，现有中国气象局首席预报专家1人，中国气象局首席服务专家2人，贵州省省管专家1人，贵州省"百"层次人才1人，中国气象局西部优秀人才15人，贵州省高层次创新星"千"层次人才18人，正高级专业技术人员21人、副高级专业技术人员134人。新中国成立的70年，是贵州气象法治建设和管理创新不断加强的70年。70年来，省气象局不断完善气象法规体系，深入推进气象依法行政，气象事业发展的法治环境得到了根本性改善。截至2018年，已建立起由《贵州省气象条例》4部地方性法规、2部地方政府规章组成的气象法律法规制度体系，形成了由1项国家标准、1项行业标准、23项地方标准组成的气象标准体系，对气象事业发展给予强有力的制度保障。深化"放管服"改革，稳步推进防雷减灾体制改革，全面放开防雷装置检测市场，编制部门权力清单和责任清单通过政府网站公告。实施了山洪地质灾害防治气象保障工程、气象监测与灾害预警、全国千亿斤粮食气象保障工程、天气雷达和国家级区域观测站建设工程、人工影响天气能力建设、自动气象站升级改造等多个业务建设项目和基层气象台站基础设施建设项目工程，有力地推动了贵州气象现代化建设。双重计划财务体制进一步完善，地方出台津补贴不断得到落实，目标管理经费落实单位达到83%，改革性补贴落实单位达到96%。强化业务、服务、政务、财务管理和综合考评以及基层规范化管理1+3模式，管理更加科学，气象发展更加全面、更可持续。

新中国成立的70年，是贵州气象党的建设和精神文明建设不断加强的70年。70年来，贵州省气象部门不断强化党的建设工作，以党的政治建设为统领，全面推进全省各级气象部门党的政治建设、思想建设、组织建设、作风建设、纪律建设，把制度建设贯穿其中，深入开展反腐败工作，不断提高部门党建工作质量。从1983年设立中国共产党贵州省气象局机关委员会以来，至2018年，全省气象部门建立党组48个、党委10个、党支部140个，共有党员1449名；严格落实责任，健全制度机制，强化日常监督，严格执纪问责,确保了全面从严治党主体责任在气象部门不折不扣落到实处。全面加强气象精神文明建设,积极践行"两个更加关注",全力打造"防灾减灾,气象先行"服务品牌,以各类学习教育活动为抓手,以道德讲堂、每月一讲和职工讲习所为载体,将社会主义核心价值体系教育融入到精神文明建设中,转化为干部职工的凝聚力、创造力和发展活力。以党支部活动、党员志愿服务活动、工会活动和重大节庆日纪念活动等为载体,组织干部职工开展丰富多彩的文体活动,形成气象精神文明建设与气象事业协调发展的良好格局。2011—2018年,气象工作在省直机关目标绩效考核中连续8年获一等奖、7次获省直机关创新奖,连续4年获中国气象局年度综合考评优秀和全国气象部门创新工作奖。在省级机关作风(行风)测评中,省气象局在中央驻黔单位、窗口行业单位中综合排名及社会公众测评排名均为第一名。截至2018年,全省101个创建单位中有省级文明单位57个。

回顾过去,贵州省气象部门始终坚持脚踏实地、奋起拼搏;展望未来,贵州省气象部门又迎来一个新的历史起点。在决战脱贫攻坚、决胜同步小康的关键时期,贵州省气象部门将以习近平新时代中国特色社会主义思想为指导,围绕贵州"大扶贫、大数据、大生态"三大战略行动,提升防灾减灾救灾、助力精准脱贫和国家生态文明试验区建设气象保障能力,到2022年将建成结构科学、布局合理、功能先进、基本满足贵州省经济社会发展需求的气象现代化体系,为决战脱贫攻坚、决胜同步小康,建设百姓富、生态美的多彩贵州新未来做出新的更大贡献。

编委会

2019年12月

目 录

- 总序
- 前言
- 亲切关怀篇 1
- 气象服务篇 11
- 气象业务篇 73
- 气象科技篇 117
- 气象管理篇 143
- 开放与合作篇 161
- 党建与气象精神文明建设篇 165

亲切关怀篇

贵州省委、省政府历来对气象事业发展高度重视和亲切关怀，多次就气象工作做出重要批示。历任贵州省委、省政府领导到贵州省气象局视察指导工作并作重要讲话，会见中国气象局领导，都充分肯定气象工作，要求做好气象预测预报预警，加快气象现代化建设，为地方经济社会发展提供优质服务。贵州省委、省政府的亲切关怀、高度重视和更高要求，为贵州气象事业发展提供了强大动力。近年来，贵州省委、省政府出台了一系列加快贵州气象事业发展的政策，省人大、省政府颁布了地方性气象法规、规章和政府专项应急预案，省政府与中国气象局联合签署省部合作协议，这些政策举措，有力强化了气象工作的地位和作用，推动了贵州气象事业持续快速健康发展。

◀ 1964年6月19日，中央气象局局长饶兴视察贵州气象工作（图为饶兴局长在水城县气象局视察时查看气候分布资料）

团结奋进 开拓创新
贵州气象大有希望
温克刚
一九九六年六月

▲ 1996年6月，中国气象局副局长温克刚在贵州调研时为贵州气象工作题词

▲ 1996年6月,中国气象局副局长温克刚(前排左四)在贵州调研

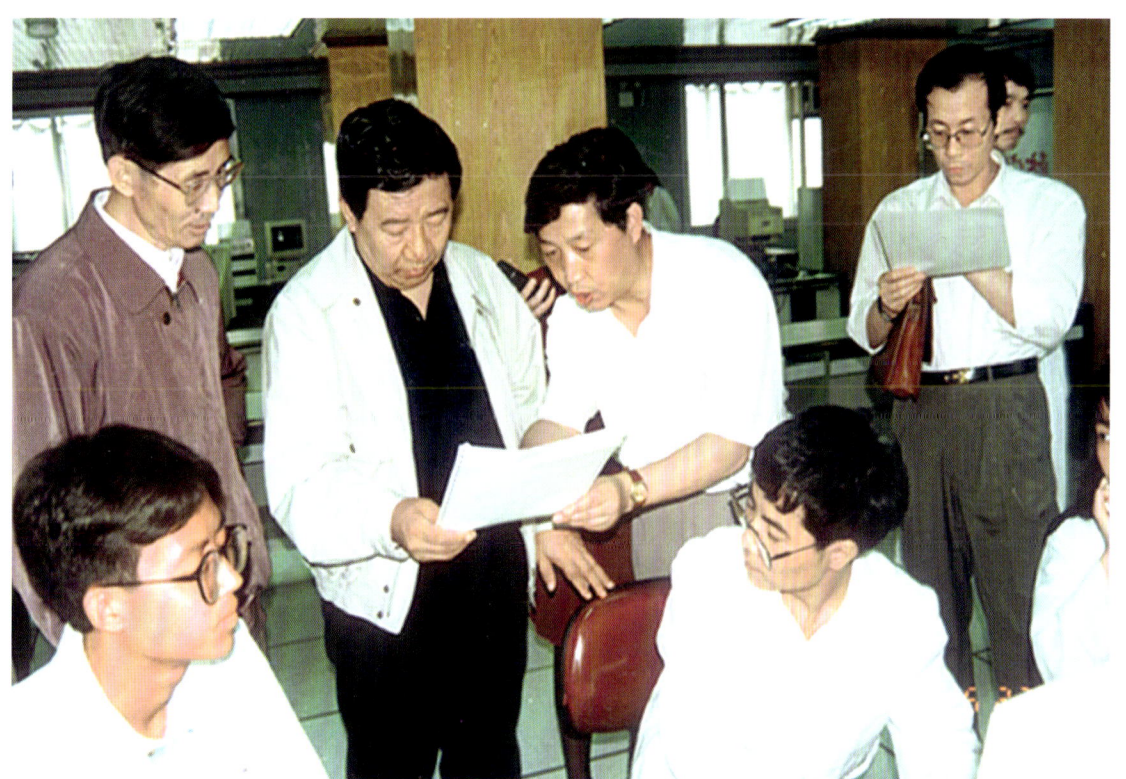

▲ 1997年6月23日,贵州省省长吴亦侠(后排左二)到贵州省气象局视察工作

▲ 2004年1月10日,中国气象局党组书记、局长秦大河(左二)在贵州省气象台调研

▲ 2005年7月6日,贵州省省长石秀诗(中)到贵州省气象局视察气象工作

▲ 2005年7月30日，贵州省委书记钱运录（前排中）到贵州省气象局视察工作

▲ 2006年6月16—17日，中国气象局局长秦大河（左）在贵州视察气象工作时与贵州省委书记石宗源（右）亲切会谈

▲ 2008年1月3日,中国气象局局长郑国光(左)在贵州视察气象工作时与贵州省委书记石宗源(右)亲切会谈

▲ 2008年1月4日,中国气象局局长郑国光(左二)与毕节市气象职工亲切握手

亲切关怀篇 **贵州**

◀ 2009年9月，贵州省委常委、省委宣传部部长谌贻琴（前排右二）、中央文明办专职副主任王世明（前排左二），贵州省委宣传部副部长、省文明办主任杨兴举（前排左一）等领导参观由贵州省农经网建设的遵义市湄潭县湄江镇核桃坝村农民多功能信息服务站并给予高度评价

2010年7月，贵州省委常委、组织部部长、省委党▶建设工作领导小组副组长兼办公室主任张少农（左），贵州省委常委、宣传部部长谌贻琴（右）出席"贵州基层党建网开通暨省委党建工作领导小组基层党建工作督导员聘任会议"，共同点击开通"贵州基层党建网"

▲ 2015年6月26日，中国气象局局长郑国光（后排右二）到贵州省气象台检查指导汛期气象服务工作，贵州省副省长刘远坤（后排右三）、贵州省气象局局长赵广忠（后排右四）等相关人员陪同

▲ 2016年3月27日,国家防汛抗旱总指挥部副秘书长、中国气象局副局长矫梅燕(前排左一)率国务院应急办、国家防办、水利部水文局等有关同志组成的国家防总气象水文检查组一行,到贵州省黔南州气象局检查汛期气象服务准备工作情况

▲ 2016年6月20日,贵州省常务副省长秦如培(二排左四)到贵州省气象局视察

▲ 2016年6月30日，贵州省副省长刘远坤（中）到贵州省气象局部署应急工作

▲ 2019年6月15日，贵州省副省长吴强（中）到贵州省气象局调研

气象服务篇

　　坚持"党委领导、政府主导、部门联动、社会参与",发挥好气象在防灾减灾救灾工作中的第一道防线作用。各级气象部门以"两个坚持,三个转变"为根本任务,坚持"防灾减灾,气象先行"的工作理念,气象防灾减灾工作机制不断健全,逐步形成了《重要气象信息专报》直报地方党政主要领导,重大天气多部门联动会商,地方领导到气象业务平台指挥调度等行之有效的工作机制。注重模式和机制创新,针对贵州天气气候特点,创新建立了以"一图三区三个叫应"(简称"三个叫应")为主的基层气象防灾减灾标准化建设模式,"三个叫应"工作机制获省委、省政府和中国气象局主要领导、分管领导的高度肯定,已成为贵州防灾减灾的新名片。

　　2013—2018年全省年均因气象灾害造成的人员伤亡较前6年下降35.2%,直接经济损失占GDP的比重下降70.5%,2018年是自1950年以来全省因灾死亡(失踪)人口最少的年份。

气象防灾减灾

▶ 暴雨洪涝灾害

▲ 1996 年 7 月 2 日，贵阳因暴雨发生特大洪涝灾害

▲ 2006 年 6 月 13 日，黔西南州望谟县遭受了历史罕见的大暴雨袭击

▲ 2011年6月6日，黔西南州望谟县遭受大暴雨袭击，河道沿岸被淹

▲ 2016年6月10日，黔东南州黎平县九潮镇遭遇暴雨洪涝灾害

▶ 冰雹灾害

▲ 2007年6月8日，黔西南州兴义市遭受冰雹、暴雨灾害

▲ 2017年4月5日，贵阳遭受冰雹、雷雨灾害

▶ 低温雨雪冰冻灾害

▲ 2008年1月27日，贵州省遭遇历史罕见的低温冰冻灾害（图为贵阳市气象局工作人员冒着严寒观测地面温度）

▲ 2008年1月27日，贵州省遭遇历史罕见的低温冰冻灾害（图为铜仁市万山区气象局观测员在-8℃严寒天气下观测电线结冰情况）

▲ 2018年1月27日，贵州省遭遇历史罕见的低温冰冻灾害（图为威宁县气象局工作人员在严寒中观测）

▲ 2008年1月，中国气象局副局长张文建（前排右三）在贵州参加凝冻应急服务中央气象台会商

▲ 2008年除夕，贵州省副省长禄智明（前排中）到贵州省气象台业务平台指挥抗冰冻灾害

▶ 气象干旱灾害

▲ 2011 年 7 月 21 日，毕节市黔西市出现严重干旱，稻田开裂严重，粮食减产

▶ 滑坡灾害

▲ 2010 年 6 月 28 日，关岭布依族苗族自治县岗乌镇大寨村因连续降雨引发山体滑

气象服务篇 **贵州**

◀ 2010年6月28日,安顺市关岭布依族苗族自治县岗乌镇山体滑坡现场(图为气象工作人员在山体滑坡现场搭建的气象观测点进行现场气象数据采集)

◀ 2019年7月23日,"7·23"水城县鸡场镇山体滑坡灾害现场

◀ 2019年7月23日,贵州省气象局应急雷达车在"7·23"水城县鸡场镇山体滑坡现场做救援保障服务

▶ 气象防灾减灾应急保障

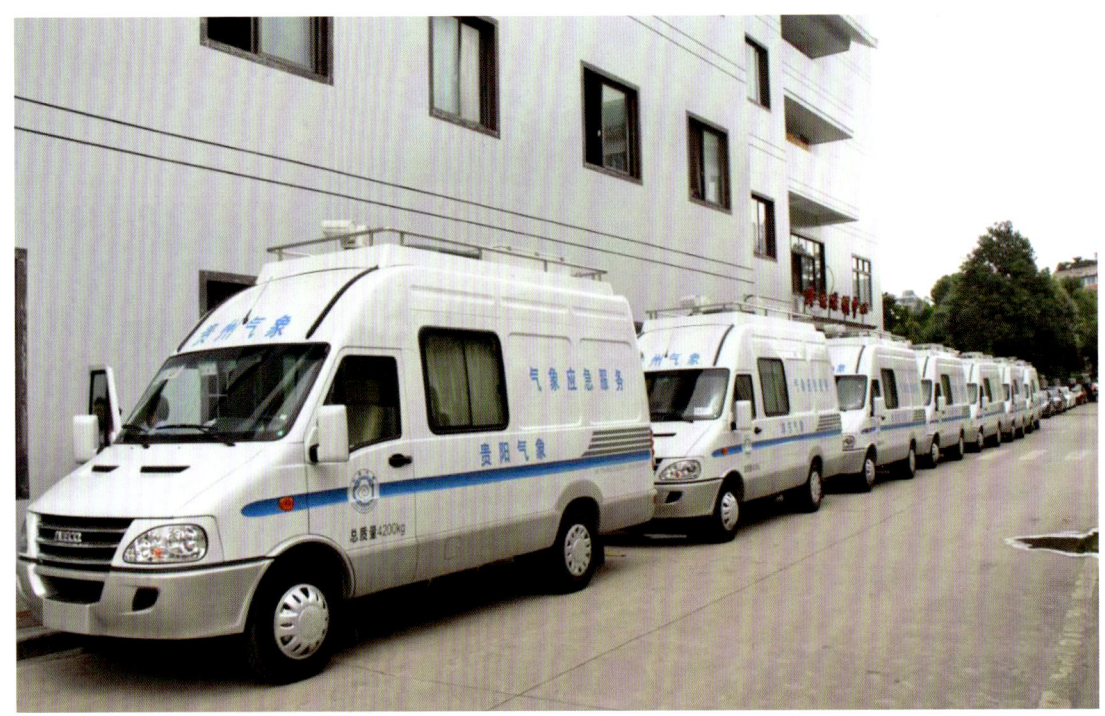

▲ 2013年，贵州省气象局向市、州气象局配备气象应急指挥车

▲ 贵州省政府要求汛期各地方党政领导到气象平台开展指挥调度

▲ 2016年1月20日,贵州省气象局组织凝冻天气多部门会商会

▲ 2015年5月27日,雷山县发生特大洪灾(图为疏散学生到安全地带)

▲ 2015年5月27日,雷山县委、县政府组织干部疏散群众动员工作

▲ 2017年6月28日，铜仁市委书记陈昌旭（二排右三）率市委秘书长肖洪（二排左四）、副市长邱祯国（二排右二）以及国土、住建、水务、安监、民政、交通、城管、水文等部门主要负责人到铜仁市气象局平台指挥调度，并在铜仁市气象局二楼会议室召开全市防汛抗灾及灾后重建座谈会

▲ 2019年6月22日，为应对暴雨天气，道真县委书记路斌在道真县气象局组织召开重大天气研判会

防灾减灾工作机制——三个叫应

▲ 2016年，贵州省气象局制订《贵州省气象局强降水天气"三个叫应"服务标准和工作流程指导意见（试行）》，各市（州）、县气象局根据气象服务需要和致灾阈值细化启动标准和工作流程

▲ 2017年6月30日，贵州省省长孙志刚在全省汛期防灾减灾救灾工作电视电话会议上要求落实"三个叫应"服务机制

◀ 2017年，贵州省12379预警电话叫应系统建成运行

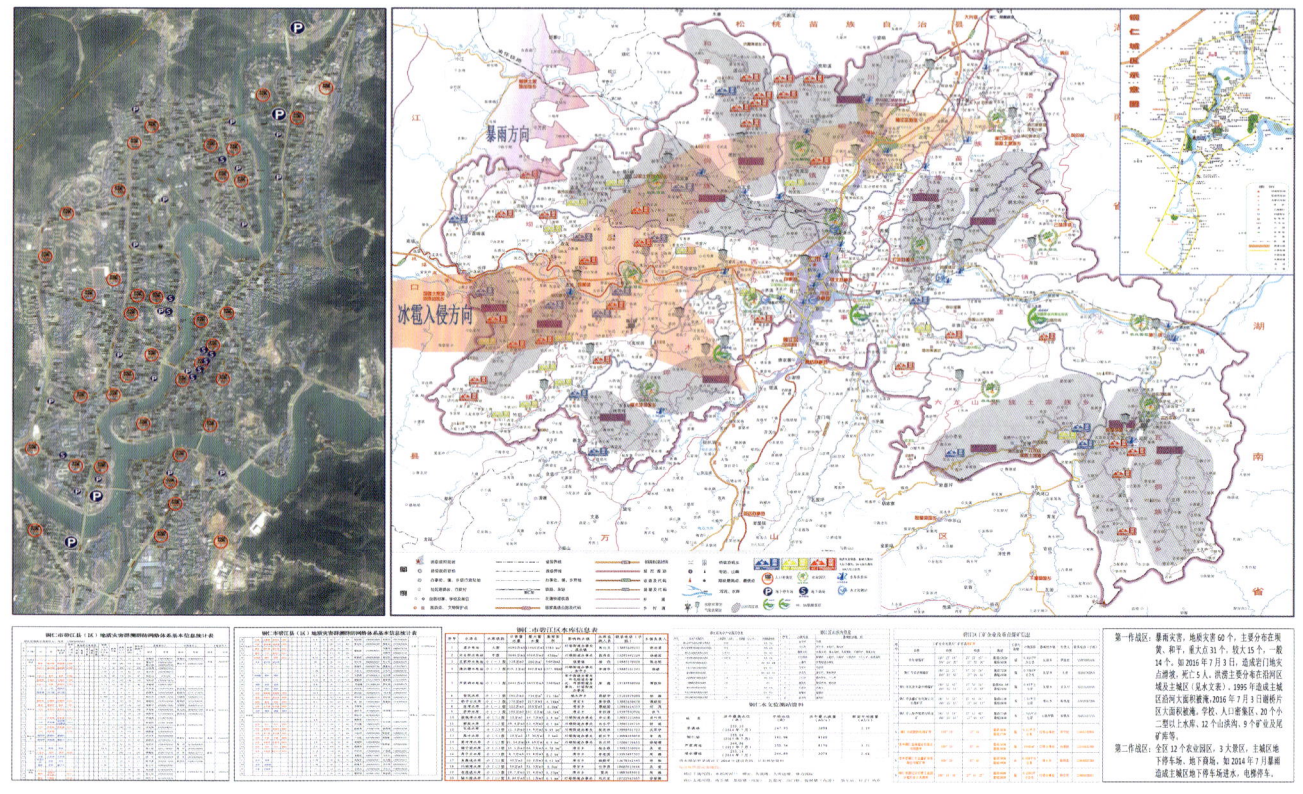

▲ 铜仁市碧江区气象防灾减灾综合作战图

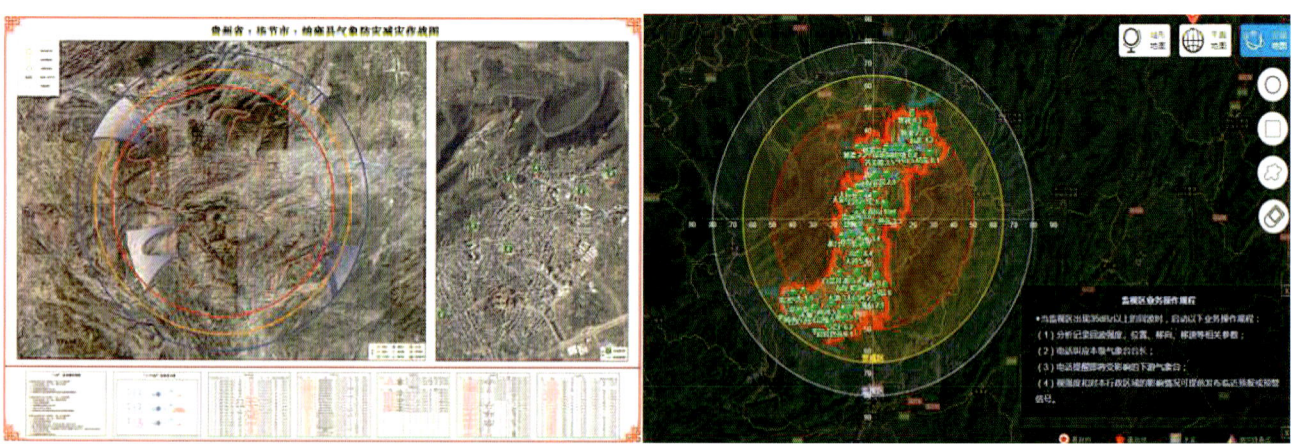

▲ 贵州省"一图三区三个叫应"工作机制

"三个叫应"预警联动工作机制

▲ 2017年，贵州省9个市（州）81个县（市、区）政府出台"三个叫应"工作机制文件

◀ 2014年8月10日,遵义市习水县遭遇自1951年有气象记录以来最强降水。遵义市政府根据气象部门紧急叫应,启动防汛Ⅲ级应急响应,紧急转移群众(图为灾害前后对比图)

2016年7月3日,铜仁市碧江区 ▶ 遭遇特大暴雨。铜仁市碧江区漾头镇漾头社区花园组组长王学举介绍:"这么大的洪水,很少遇到,来得太猛。""花园组就在瓦屋河边,防洪力量薄弱,一旦发大水必定受灾。"7月3日晚,在接到气象预警信息后,他随即与其他人敲响了48户住户的家门。7月4日凌晨,洪水袭来,最高淹过一层楼,所幸无一人伤亡(图为受灾场景,消防人员转移群众)

▲ 2014年8月11日，遵义市赤水市官渡镇老街遭遇暴雨洪涝灾（图为灾害前后对比图）

▲ 2014年8月14日，救援队伍在遵义市赤水市官渡老街清理淤泥

▲ 2017年6月24日，松桃苗族自治县气象局局长杨文雄（左二）向松桃苗族自治县副县长石敏（右三）汇报气象工作及"三个叫应"的意义

▲ 2016年6月25—30日，铜仁市气象部门准确预报预警得到公众点赞

国家突发事件预警信息发布系统

国家突发事件预警信息发布系统依托《"十一五"期间国家突发公共事件应急体系建设规划》建设，建立了国家、省、市、县四级相互衔接、规范统一、多部门接入的综合预警信息发布业务，具备了对自然灾害、事故灾难、公共卫生事件、社会安全事件4大类突发事件预警信息的接收、处理和及时发布能力。进一步贯彻"科学减灾""依法应对"的防灾、减灾、救灾理念，建立预警信息快速发布绿色通道，健全突发事件预警信息发布标准体系和管理办法，提高预警信息发布的权威性和时效性。

目前预警信息传播渠道有：网站、微博、微信、广播电视、户外电子显示屏、大喇叭等。

▲ 国家突发事件预警信息发布系统

▲ 贵州省气象局建立省、市、县预警信息发布中心

▲ 桐梓县突发事件预警信息发布中心

▲ 2013年8月24日，贵州省气象局举行强降雨天气媒体通报会

▲ 2016年9月29日，贵州省气象台举办国庆天气媒体通报会，首席预报员乔琪（中）接受媒体采访

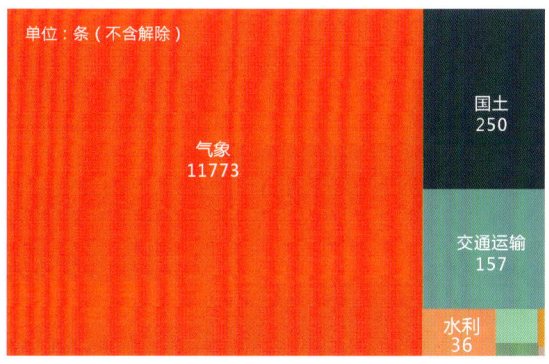

▲ 2018年，贵州8个行业总计12242条预警信息通过国家突发事件预警信息系统向应急责任人和社会公众发出。发布的预警信息包含自然灾害、事故灾害两大类，自然灾害类预警占绝大多数

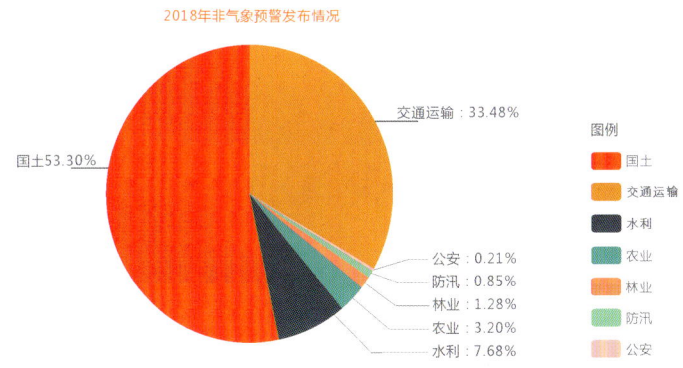

▲ 2018年，贵州省非气象预警信息发布469条，较2017年的183条和2016年的81条逐年成倍增长。其中国土、交通类最多，占比达86%以上，其中交通类增长4倍，国土类增长3倍，农业类首次通过平台发布农业病虫害提示

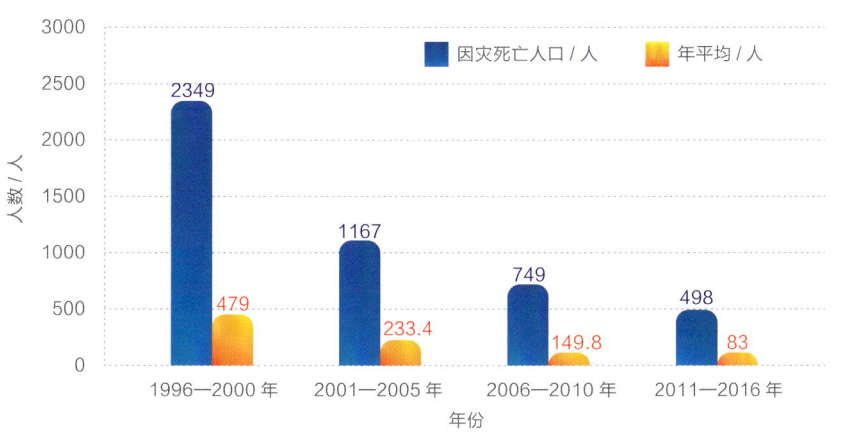

▲ 近年来，贵州省突出防灾减灾的主要职能，认真践行"防灾减灾、气象先行"的服务理念，以推进气象现代化建设为主线，着力完善气象防灾减灾机制体制，防灾减灾成效显著

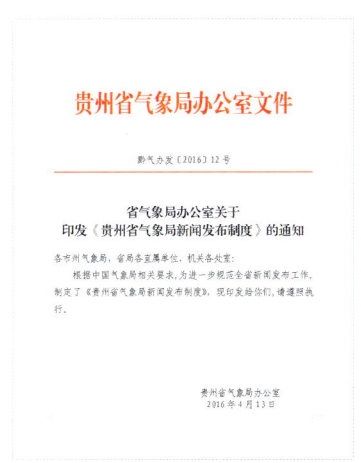

▲ 贵州省气象局建立新闻发布制度

◀ 2008年1月，铜仁地区气象局召开春节期间天气新闻发布会，向社会通报全区连日来出现的低温凝冻天气情况，并同时发布春运期间天气预测趋势

人工影响天气

贵州省人工影响天气始于 20 世纪 50 年代，始终坚持"防灾减灾为人民"的初心，从无到有，从土法作业到新型装备作业，从单纯地面作业到空中地面立体作业，从只靠人工到逐步实现自动化，历经三个阶段不断发展，不断进步。

第一阶段为土法防雹阶段（20 世纪 50—70 年代）。 主要采用土炮、土火箭在局地开展人工防雹试验。

▲ 20 世纪 50—70 年代，贵州省气象局土炮制作现场

▲ 贵州省气象局制作的土炮，用于早期人工影响天气作业

第二阶段为初级阶段（20 世纪 80—90 年代）。 各级相应成立了人工影响天气领导小组（或人工影响天气指挥部），下设办公室，日常工作挂靠于同级气象部门。高炮数量由最初的 47 门发展到 190 门左右，电台、呼机、电话成为主要通信方式。先后进行过 6 次飞机人工增雨作业试验，但作业技术手段仍处于初级阶段。

▲ 20 世纪 80 年代后期，贵州省火箭人工增雨试验

▲ 1990 年，贵州省火箭人工影响天气作业

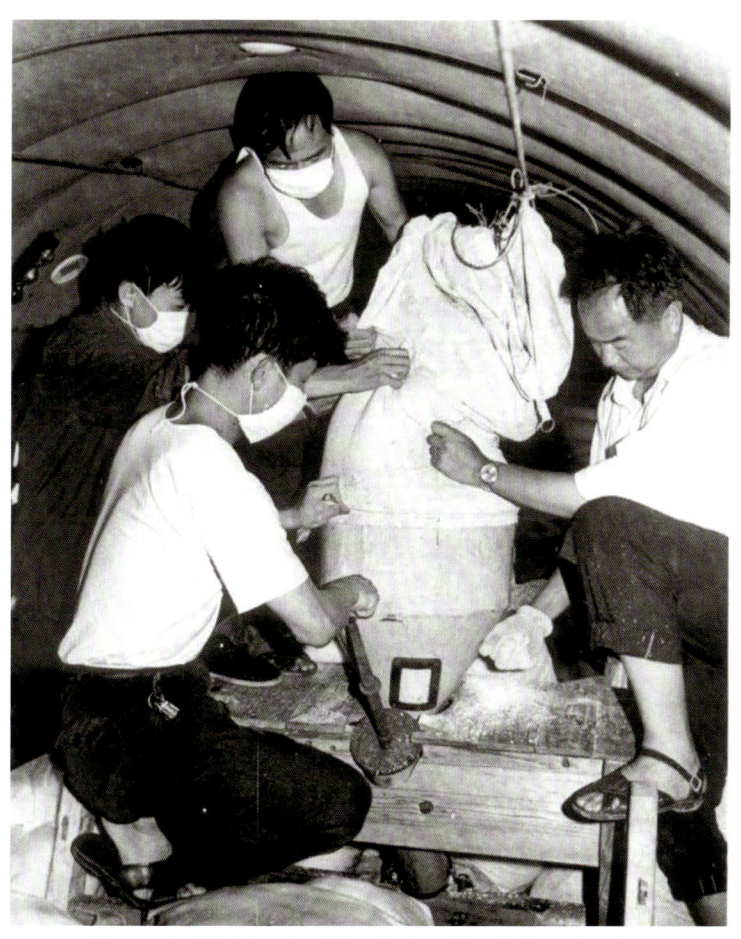

▲ 20世纪80年代初期，贵州省飞机人工增雨作业试验现场

第三阶段为发展阶段（1997年至今）。在中国气象局和贵州省委、省政府的领导下，经过了一代又一代气象工作者、人工影响天气工作者的努力，现已呈现作业设备门类比较齐全、作业布局基本合理、防雹与增雨并重、地面与高空飞机作业立体互补的人工影响天气格局。

▲ 1997年，贵州省引进第一具车载火箭用于人工增雨，标志着贵州省人工影响天气工作进入人工增雨与防雹并举新阶段

▲ 2003年，贵州省引进第一部TWR01型雷达

▶▶ 拥有国内较为完备、科技含量较高的防雹增雨作业系统

▲ 高炮

▲ 自动化高炮

▲ 车载火箭

▲ 中兵新型火箭

▲ 地面燃烧炉

▲ 增雨飞机

▶▶ 人工影响天气作业站点实现 100% 标准化建设，信息化终端和作业站点视频监控全覆盖

炮站全貌

值班室

民兵卧室

内勤

▲ 标准化建设作业站点

▲ 作业站点实现远景监控

▶▶ 人工影响天气作业队伍建设

21世纪开始,贵州省各市、州相继成立了民兵高炮营,组成了强有力的人工影响天气作业队伍;2011年组建全省人工影响天气安全员队伍,同时全省人工影响天气作业人员意外伤害保险额度提高到60万元以上;2018年,全省人工影响天气作业人员意外伤害保险额度提高到100万元以上,作业队伍稳定性得到大幅度提高。

▲ 2002年,贵阳市成立三个贵阳市民兵高炮团,其中第三团团部设在贵阳市气象局

▲ 2010年,贵州省人工影响天气作业人员培训"五统一"(统一教材、统一要求、统一地点、统一时间、统一着装)

▶▶ 强化安全检查

贵州省在全国人工影响天气业务安全检查中名列前茅,近年来未发生安全责任事故。

▲ 2010年,贵州省气象局副局长汤筑强对贵阳市清镇市炮站进行安全检查

▲ 2007年,贵州省人影办组织各市、州、地交叉检查组技术员对高炮进行检查

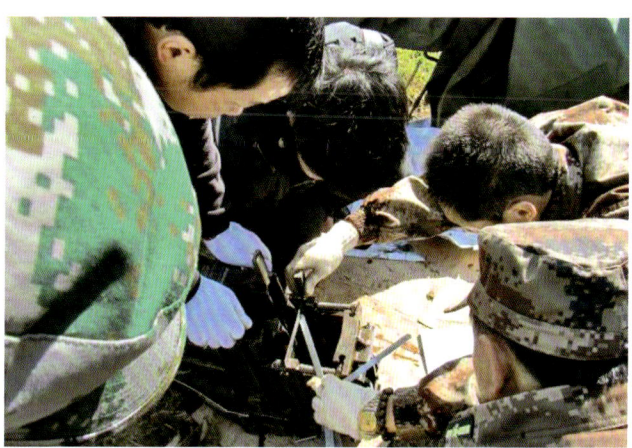

▲ 2010年起,贵州省人影办联合有相关资质的单位对全省的人工影响天气作业装备进行年检(图为2010年12月至2011年5月贵州省人影办联合贵州省军区军械修理所对全省所有高炮进行检测鉴定)

▶▶ 人影管理规范化

▲ 2001年,贵州省政府出台《贵州省人工影响天气管理办法》

▲ 2018年1月1日,《贵州省人工影响天气条例》正式实施

▶▶ 开展冰雹增雨试验

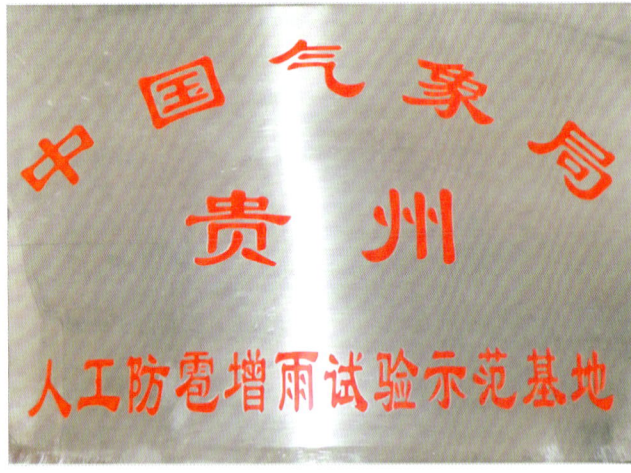

▲ 2004年,贵州省被中国气象局确定为全国唯一的人工防雹增雨试验示范基地

▲ 2005年1月,贵州省副省长禄智明(右一)为"中国气象局贵州人工防雹增雨试验示范基地"授牌

▲ 2013年9月,贵州省科技厅印发了《关于组建"贵州省冰雹防控工程技术研究中心"的批复》

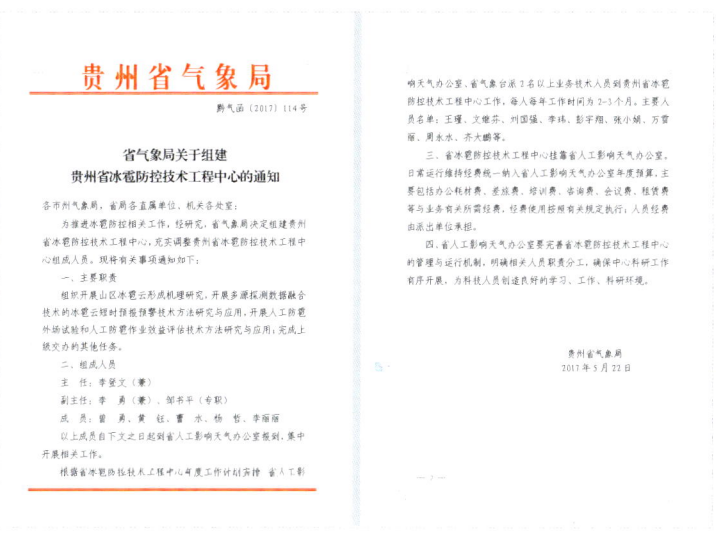

▲ 2017年5月,贵州省气象局正式组建贵州省冰雹防控技术工程中心

▲ 2018年11月22日,贵州省冰雹防控技术外场试验基地在威宁县气象局正式挂牌

▲ 2019年10月,在贵州威宁召开首届"中国·冰雹"论坛技术研讨会

▶▶ 探索出智能实用的县级人工影响天气业务"威宁模式"

几十年来,在中国气象局的关心和支持下,贵州省人工影响天气工作者通过探索和总结,充分汇聚各方智慧,通过人工影响天气现代化技术手段,以作业炮站信息化、作业装备自动化、作业指挥科学化为载体,构建横向到边、纵向到底的"省级指导、市级预警、县级指挥、炮站实施"的四级人工影响天气业务体系,努力做到科学指导、预警及时、指挥有力、精确打击,形成具有贵州特色的省、市、县、炮站四级人工影响天气业务技术体系。

▲ 2018 年,"威宁模式"获中国气象局"2018 年气象部门创新工作项目"、获贵州省气象局"2018 年全省气象部门创新工作项目(一类)"

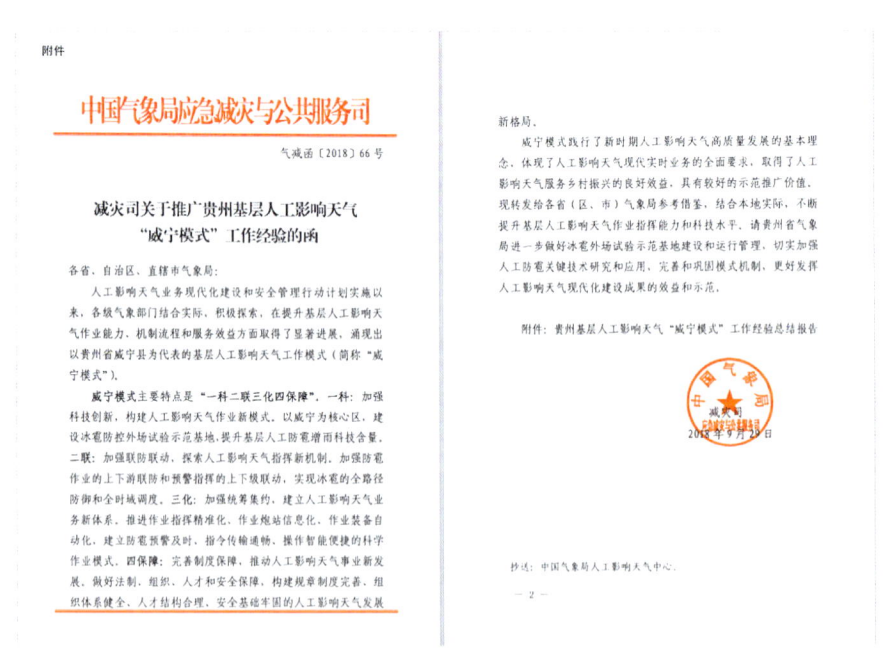

▲ 2018 年,"威宁模式"由中国气象局应急减灾与公共服务司发文全国推广

▶▶ 人影服务效益突出

▲ 2004年,贵州省人工影响天气为国家西电东送首批项目洪家渡电站首次发电增加有效降水3.48亿立方米

▲ 2008年8月4日,贵州省人工影响天气办公室派技术人员赶赴黔东南州开展首次人工增雨森林灭火

▲ 2008年,奥运会火炬传递人工影响天气保障队伍

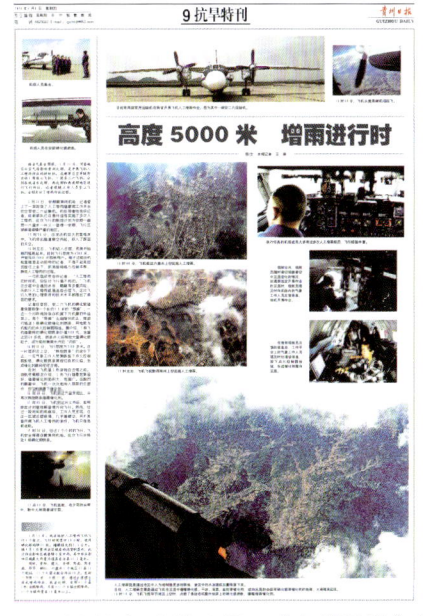

▲ 2010年4月7日,《贵州日报》第9版刊登了《高度5000米增雨进行时》,宣传3月31日贵州两架增雨飞机对省内东北部、西北部和西南部开展增雨作业的过程

▲ 2011年,贵州省人工影响天气服务为兴义旅游发展大会提供保障

新中国气象事业 70 周年

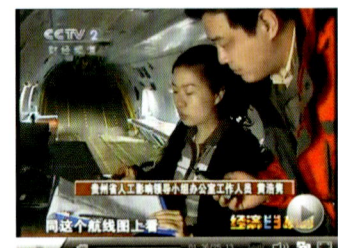

▲ 2010 年 4 月 13 日，央视网经济频道滚动播放《西南抗旱投三千万人工增雨》

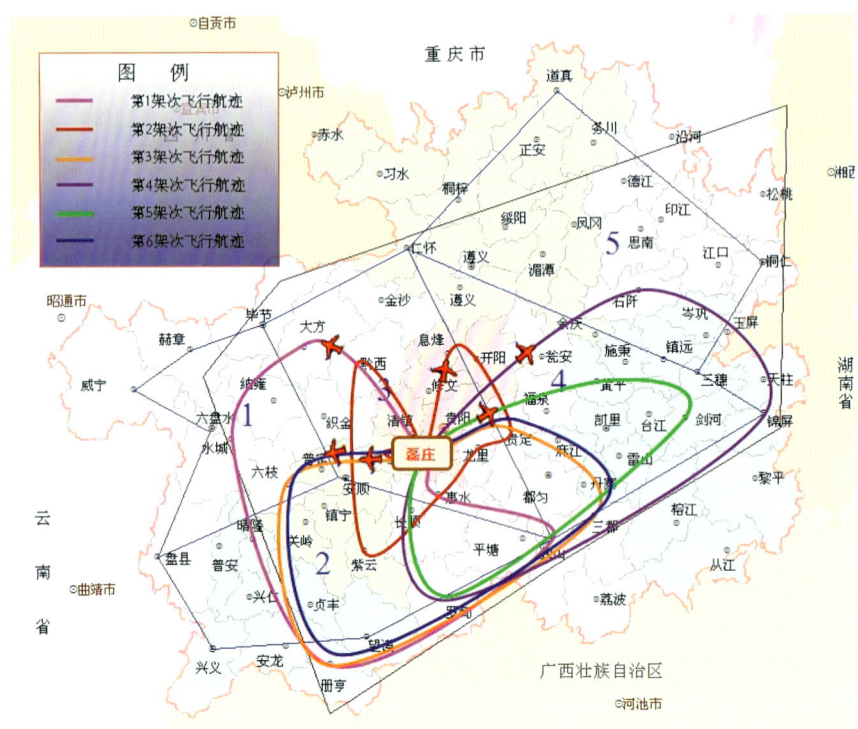

▲ 2012 年，为全国第九届少数民族传统体育运动会提供气象保障，一天 6 架次作业飞行航线图

◀ 2019 年 5 月 16 日，在贵州省黔南 FAST 台址召开"中国天眼"冰雹灾害防御工作专题研讨会

▶▶ 成绩突出

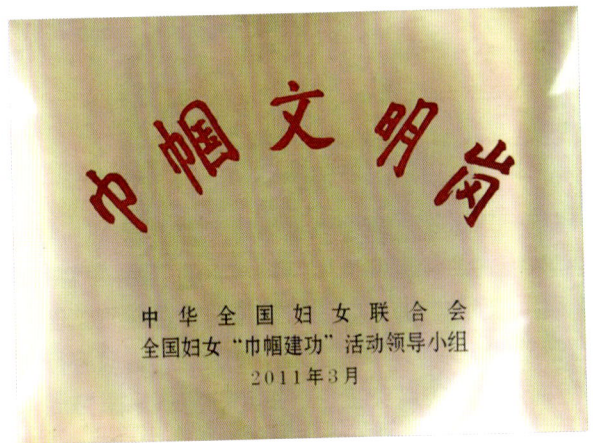

▲ 2011年，贵州省人工影响天气作业指挥中心（现贵州省人工影响办公室）被中华全国妇女联合会全国妇女"巾帼建功"活动领导小组授予"巾帼文明岗"

▲ 2014年，贵州省人工影响天气办公室被贵州省人力资源和社会保障厅、贵州省气象局联合授予"全省气象工作先进集体"记二等功

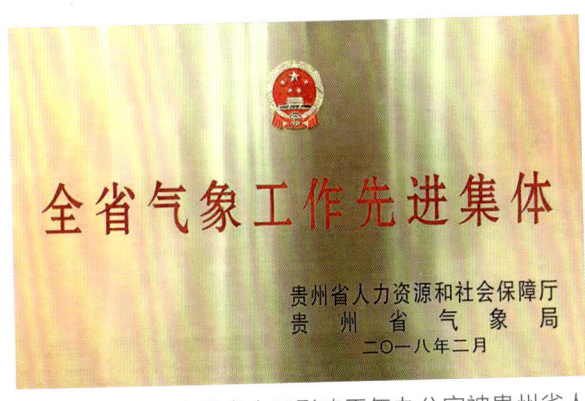

▲ 2018年，贵州省人工影响天气办公室被贵州省人力资源和社会保障厅、贵州省气象局联合授予"全省气象工作先进集体"

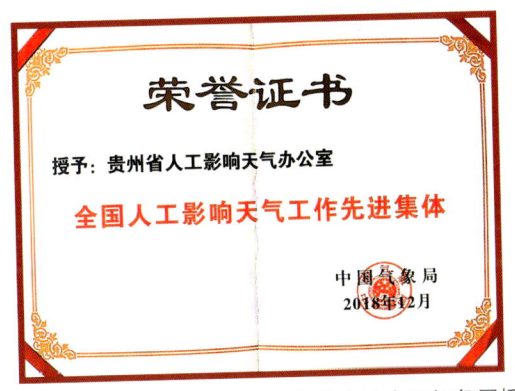

▲ 2018年，贵州省人工影响天气办公室被中国气象局授予"全国人工影响天气工作先进集体"

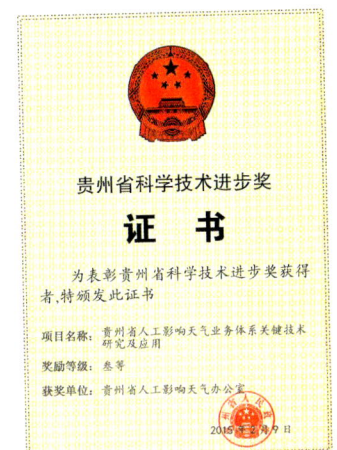

◀ 2015年，贵州省人工影响天气办公室被贵州省人民政府授予"贵州省科学技术进步奖三等奖"

◀ 2016年12月，中国科学院国家天文台发来感谢信，向平塘县气象局在"FAST"工程项目建设过程中，全力做好气象监测、预警预报、应急值守和服务保障等各项工作表示感谢

◀ 2018年，贵州省气象局为中央电视台春节联欢晚会黎平分会场提供气象保障

◀ 2018年10月28日，清镇市气象局为半程马拉松赛提供气象服务

公众气象服务

不断完善手机短信、广播、电视、报纸、微博、微信等各种渠道构成的公众气象服务发布体系，与通信、广播、电视等部门和各网络媒体建立预警信息发布绿色通道，按照"自主登记、免费获取"的原则，在全省各级主要媒体发布公告，征集气象灾害预警信息手机短信登记用户，暴雨天气时，免费向受影响地区的登记用户发送预警短信。遇重大灾害天气及时召开媒体通报会，及时将预报预警信息通过各种渠道向公众发布，突出群测群防，引导公众自主防灾抗灾。《百姓气象站》《气象万千》《天气连线直播》等影视广播节目收视收听率分别达14%和40%，公众气象服务覆盖面超过90%。

社会公众对气象服务的满意度逐年提升，从2014年的85.3分提升到2018年的92.6分，列全国第七，其中城市公众满意度93.1分，列全国第一。

▲ 贵州省早期的黑板报天气预报

▲ 贵州省早期的广播播报天气预报

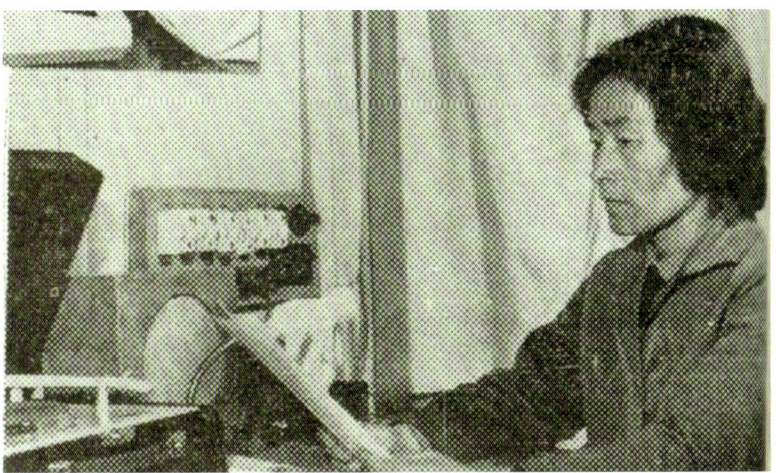

▲ 1981年，贵州省气象广播电台，每天向全省气象台和广大群众播送天气形式和天气预报

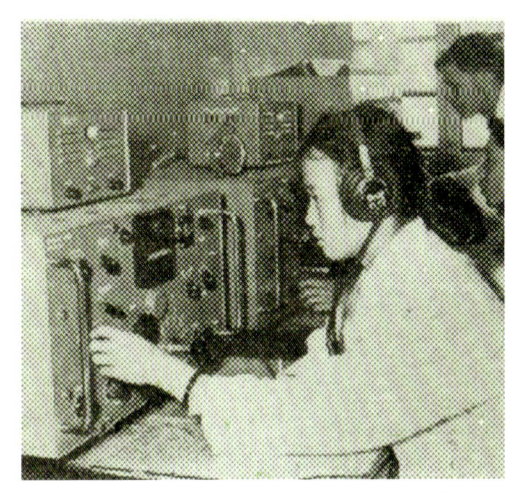

▲ 1981年，贵州省气象台报务员在接收中央气象台传真天气图

▲ 2002年7月，贵州省气象服务中心电视天气预报制作演播室

▲ 2019年，贵州省气象服务中心高清数字化演播室

▲ 气象工作人员为村民用户免费代订手机天气预报短信

▲ 2013年，贵州省气象局局长赵广忠（左）做客贵阳交通广播《你好！TAXI》直播间为公众讲解贵州气候优势

气象服务篇 **贵州**

▲ 2016年,贵州省气象台首席预报员万雪丽(左一)做客贵州旅游广播FM97.2

▲ 2008年6月12日,奥运圣火在贵阳传递,贵州省气象局准确预报天气,保障在奥运圣火开始传递时降水停止

▲ 2017年,贵州气象政务头条号获得全国"特别贡献奖"

◀ 黔气象获2017年度贵州省新媒体排行榜十大最具影响力政务微博

47

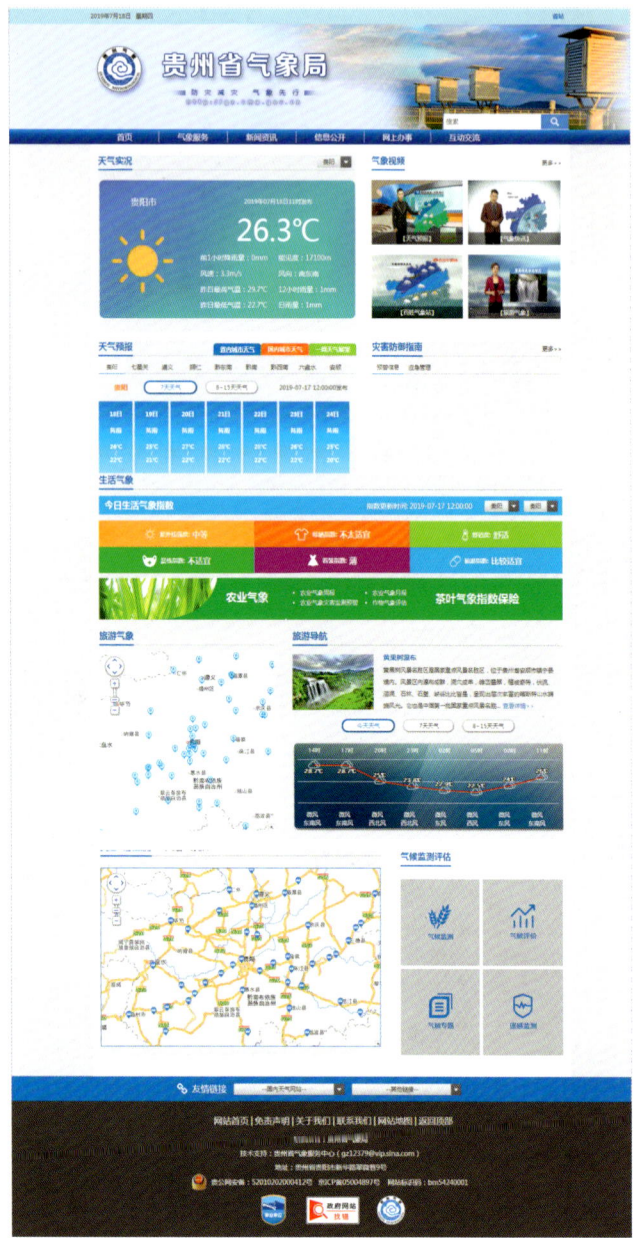

▲ 贵州省气象局官方网站

▲ 黔气象微信公众号

▲ 《贵州都市报》刊登气象预报信息

▲ 户外显示大屏幕

▲ 百姓气象站节目

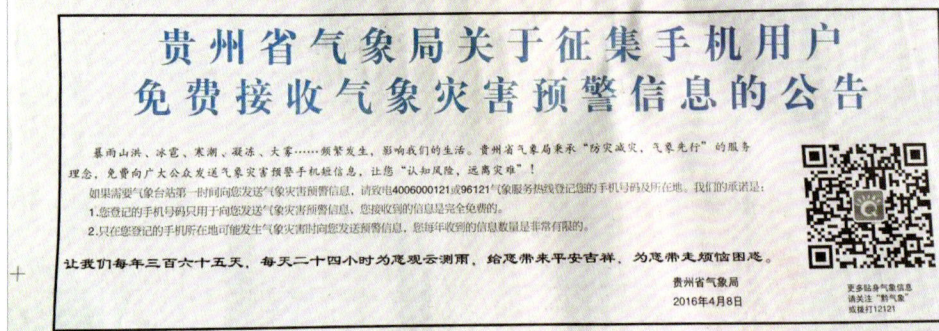

▲ 贵州省气象部门每年汛前在当地媒体发布免费接收气象灾害预警信息的公告

2009年以来公众气象服务满意度调查情况

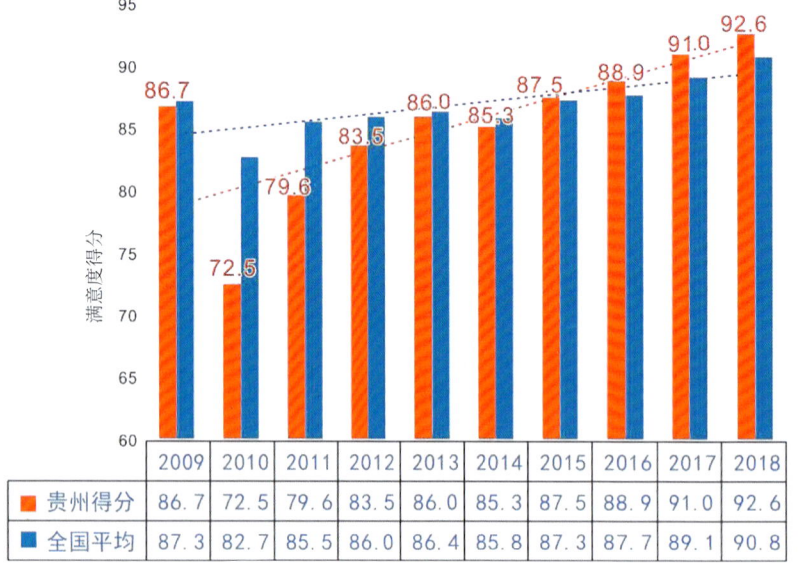

◁ 2009—2018年，贵州省公众气象服务满意度调查情况

行业气象服务

贵州省专业气象服务由传统的农业、林业、航空气象等向地质灾害、交通、旅游、电力、水利等领域拓展。通过对气象服务产品的专业化加工，构建专业化、精细化、个性化的专业专项气象服务平台，满足国民经济各行各业的不同生产对象、不同生产过程的具体要求及重大经济社会活动、重大工程项目的特殊要求，深受专业专项用户欢迎和信赖。

▲ 2013年，台江县气象部门积极参与相关气候资源评估考察后建成的黔东南州第一个风力发电站——台江红阳风电场

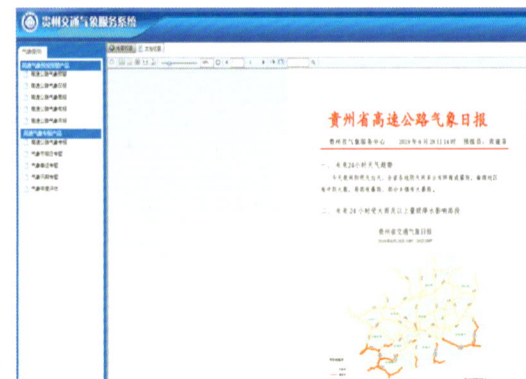
贵州省交通气象服务系统 ▶

◀ 贵州省交通气象服务系统在交警系统的应用

▲ 2018年11—12月，气象工作者在铜仁梵净山安装气象设备

▲ 2018年，贵州卫视《多彩贵州天气导航》做杜鹃花花期预报

▲ 2019年，贵州省旅游气象服务

▲ 2017年8月,梵净山保护区"中国天然氧吧"创建工作汇报会

▲ 2007年9月13日,贵阳卷烟厂易地技改项目雷电风险评估专家论证会

气象助力乡村振兴

贵州省气象部门围绕推进农村气象灾害防御、农业产业结构调整、发展现代山地特色高效农业等对气象的需求和农村综合经济信息服务需求，全力抓好"两个体系"建设，积极开展贵州农经网信息服务，助力脱贫攻坚。开展了作物气象条件适应性和气象灾害指标，以及农业气象灾害防御适用技术等试验研究，开发了贵州智慧农业气象APP，新型农业经营主体注册人数达7万余人，覆盖率达100%。针对贵州农产品多种多样的实际，开展"一县一品"特色农业气象服务，完成县级精细化农业气候区划125个、气象灾害风险区划271个，完成31个县特色农产品气候品质评估认证工作，促进农产品增值畅销。建成省、地、县、乡、村五级农村综合经济信息服务体系，实施了贵州国家农村信息化示范省建设工程，完成"万村千乡"网页工程。2015年利用贵州农经网与贵阳银行联合建成的3600个大数据村域经济服务社，开展农村金融、保险、农业技术、电子商务和气象防灾减灾信息传播等服务，在解决农村气象预报预警信息传播"最后一公里"的难题方面发挥了重要作用，为村集体经济或村民增收5600余万元，带动就业2500余人，2017年获中国气象局第一届气象服务创新大赛气象服务模式一等奖。

▲ 2017年7月，农业气象专家在查看被冰雹袭击的车厘子

▲ 2018年3月，农业气象专家池再香（左）在观察小麦抽穗开花期

▲ 2017年，农业气象专家在大河镇大箐村的马铃薯试验示范基地现场调研

▲ 2009年6月26日,贵州农经网"信息大篷车"驶入黔东南雷山县望丰乡,通过专家授课与当地农民群众在大篷车内现场亲自操作相结合的方式开展农业信息服务培训,受到了苗乡人民群众的热烈欢迎(图为工作人员耐心细致地给一位苗族大姐讲授贵州农经网的操作流程)

2010年3月5日,册亨县 ▶
农经网显示屏发布农经信息

▲ 2012年4月12日，贵州省"万村千乡"网页工程建成开通仪式在贵阳市举行

▲ 2013年，平坝县天龙镇芦车坝村建设的村级农民多功能信息服务站

▲ 2013年，在建成的村级农民多功能信息服务站开展培训

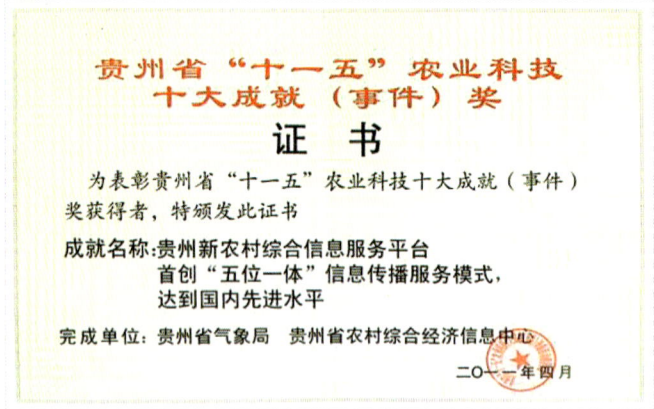

▲ 2011年，贵州新农村综合信息服务平台获评贵州省"十一五"农业科技十大成就（事件）奖

气象服务篇 **贵州**

▲ 2013年,贵州省农村综合经济信息中心建设的物联网系统

▲ 贵州省大数据村域经济服务社

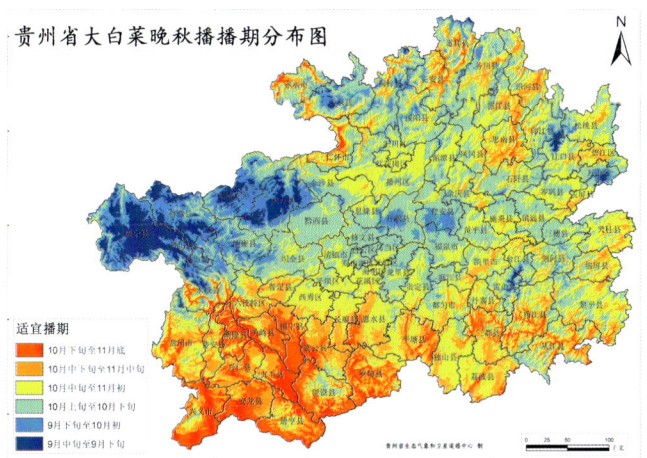

▲ 贵州省大白菜错季栽培气候适宜性精细化区划

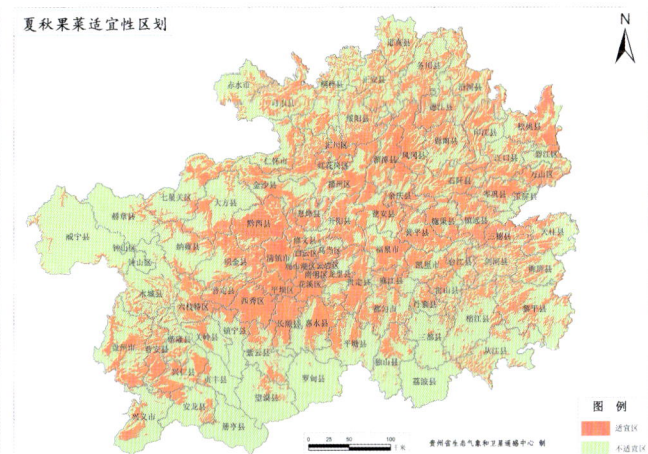

▲ 贵州省蔬菜错季栽培气候适宜性精细化区划

59

▲ 2019年，清镇农业气象试验站开展辣椒分期播种试验

▲ 2019年6月28日，贵州省农业气象外场试验基地挂牌成立

▲ 2019年，农业气象服务人员在猕猴桃基地开展农情调查

生态气象保障

贵州省气象局与贵州省生态环境厅建立环境空气质量预报与重污染天气预警合作机制，联合开展空气污染气象条件预报、联合制作全省和 9 个中心城市空气质量预报，并通过网站等各种传播途径对外发布。实施人工增雨，为生态修复、空气质量改善提供服务。

建成贵州省生态气象和卫星遥感中心，开展卫星遥感综合应用业务，定期发布重大生态遥感信息专报和生态遥感信息监测报告，服务材料报送省委、省政府及相关决策部门。充分利用卫星、雷达、自动气象站等综合观测手段，提高对生态环境影响较大的灾害性天气监测预警能力。围绕贵州省山地"一区三带多点"生态保护红线区域和石漠化植被生态质量，建立生态遥感监测评估技术指标。

利用"世界气象日""防灾减灾日""贵州生态日"等重大活动节点，向广大群众普及生态环境保护和气象防灾减灾知识，及时回应社会关切的与生态气象问题，提高全社会科学认知和应对大气污染的意识。

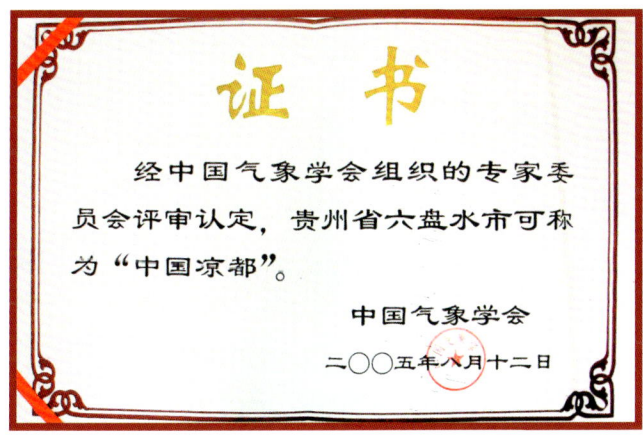

▲ 2005 年，中国气象学会授予六盘水市"中国凉都"称号

▲ 2007 年，中国气象学会授予贵阳市"中国避暑之都"称号

◀ 2009 年，由贵阳市人民政府、北京大学和中国气象学会共同发起、创办了"生态文明贵阳会议"，每年一届。气象部门积极参与每年的生态文明贵阳会议、论坛活动，提高了公众对气候变化和气象工作的认识，广泛宣传了贵州气候生态资源

▲ 2015年，生态文明贵阳国际论坛2015年年会，中国气象局局长郑国光出席"全球低碳转型与可持续发展"专题高峰会议，并作主旨发言

▲ 2015年,"生态文明建设与气候安全"论坛现场

▲ 2018年7月8日,贵阳市气象局代表闵昌红(贵阳市高空站副站长,左二)获生态文明贵阳国际论坛表彰,彰显贵州省气象部门为生态建设作出的贡献

▶▶ 打造气候品牌,发展避暑旅游

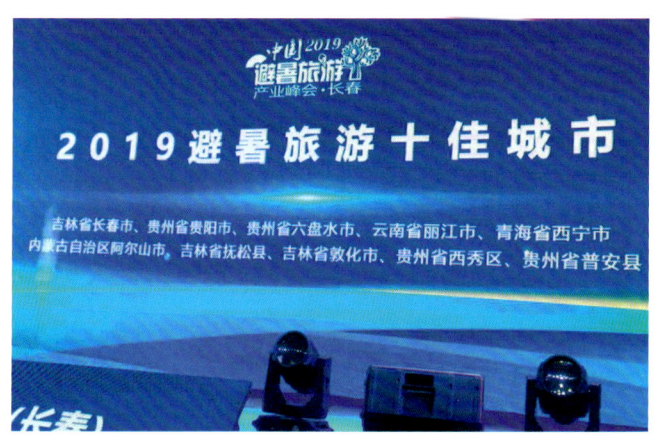

▲ 2019年6月21日,贵州省5个市(县)获评2019避暑旅游十佳城市

▲ 2019年,避暑旅游十佳城市授牌

▲ 2018年，避暑旅游峰会上六盘水市被选为最具潜力避暑旅游城市

▲ 2019年，避暑旅游城市授牌会议现场，贵州省8个市（县）入选

▲ 兴仁市——花丛中的奇香楼（图片来源于贵州省文化和旅游厅）

▲ 安顺市旧州古镇——屯堡地戏(图片来源于贵州省文化和旅游厅)

▲ 安顺市西秀区——浪塘村(图片来源于贵州省文化和旅游厅)

▲ 兴义市——马岭河峡谷(图片来源于贵州省文化和旅游厅)

▲ 兴义市——万峰林八卦田（图片来源于贵州省文化和旅游厅）

▲ 贵州册亨县板万村一期农业光伏电站（太阳能资源的开发利用是积极应对气候变化的举措之一，合理利用当地的荒山荒地，助力脱贫攻坚伟大事业的发展）

▲ 贵州省气象学会授予罗甸县"贵州最佳避寒地"气候品牌,助推当地冬季旅游产业发展

▲ 贵州省气象学会授予平塘县大塘镇"云上大塘 避暑茶乡"气候品牌,推进当地旅游产业的发展

▲ 都匀市气象局开展茶园气象服务现场调查和农产品气候品质认证,利用气候优势助推优秀品牌打造

▲ 积极发展优势气候品牌,气象服务助力地方精准扶贫——2018年3月17日,平塘县大塘镇被贵州省气象学会授予"云上大塘 避暑茶乡"称号

▲ 贵州省台江县红阳草场风电场，（风能资源的开发利用是积极应对气候变化，落实国家节能减排要求、改善能源结构、推进能源生产和消费革命的重要举措）

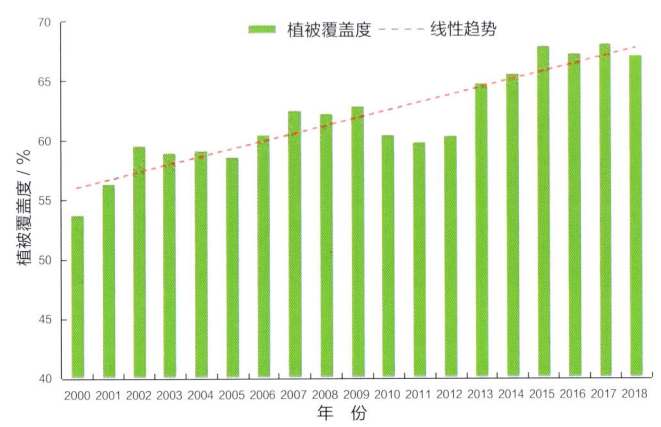

▲ 2000—2018年，贵州省植被覆盖度时间变化

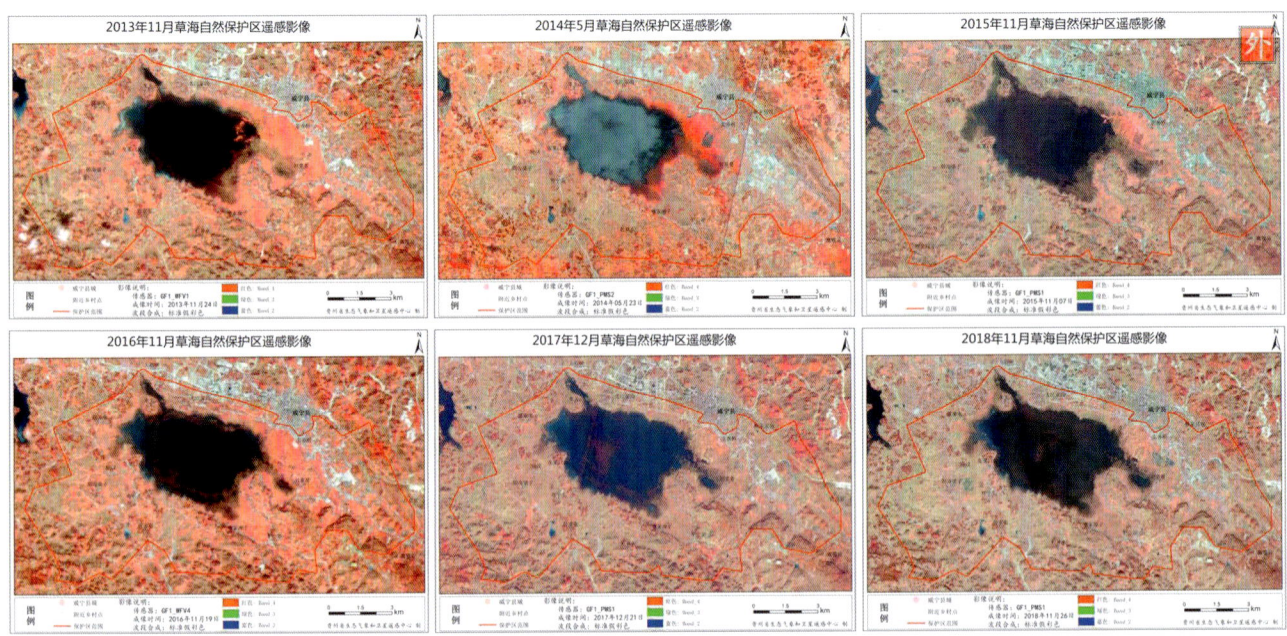

▲ 2013—2018年，卫星遥感监测草海自然保护区水体变化

▶▶ 气候评估业务为贵州旅游发展作出的贡献

贵州省气象部门紧抓避暑旅游需求，发挥资源优势，打造贵州气候生态旅游品牌。联合中国气象学会打造的"中国避暑之都·贵阳""中国凉都·六盘水"已成为贵州旅游的金字招牌；由贵州省气象学会评估授予威宁"贵州阳光城"、罗甸"贵州最佳避寒地"、花溪"一级气候养生地"、平塘"云上大塘·最美茶乡"等一批气候旅游品牌，形成由避暑旅游辐射开来的全省生态旅游集团化品牌。

▲ 花溪——一级气候养生地（图片来源于贵州省文化和旅游厅）

▲ 威宁——贵州阳光城（图片来源于贵州省文化和旅游厅）

▲ 罗甸——贵州最佳避寒地（图片来源于贵州省文化和旅游厅）

▲ 平塘——云上大塘·最美茶乡（图片来源于贵州省文化和旅游厅）

▲ 盘县哒啦仙谷景区

气象业务篇

中华人民共和国成立后,全省气象观测从"专(区)有台,县有站"的以地面观测站网为主发展成由天基—空基—地基组成的立体综合的现代化气象探测体系。截至2018年年底,全省建成了8部新一代天气雷达,1部713雷达,3部X波段双偏振雷达,2部L波段探空雷达,29个闪电观测站(其中二维闪电站12个,三维闪电站17个),1个微波辐射计,12个水汽观测站,18个农业气象观测站,119个土壤水分自动观测站,126个农田小气候及实景观测站,2个气溶胶观测站,10个酸雨观测站,12个交通站。各类自动气象站3240个,乡镇覆盖率达到100%,观测频次从6小时1次提升到现在的每分钟1次。"风云三号""风云四号"气象卫星省级利用站建成并投入使用。桐梓国家基准气候站、镇远国家气象观测站、福泉国家气象观测站、平坝国家气象观测站、晴隆国家气象观测站纳入中国气象局百年气象站名录。

综合气象观测

▶ 地面气象观测

▶▶ 国家级地面观测站

- 百年气象站

▲ 桐梓国家基准气候站始建于1937年4月16日，位于桐梓县娄山关镇营盘山顶，观测场海拔高度972.0米。2002年建设自动气象站，2018年桐梓国家气象观测站通过"中国百年气象站"75年站认定

▲ 镇远国家气象观测站始建于1943年8月1日,位于镇远县城西五老山,观测场海拔高度516.3米。2018年镇远国家气象观测站通过"中国百年气象站"75年站认定

▲ 福泉国家气象观测站始建于 1956 年 6 月,位于福泉市金山办事处新华南路,观测场海拔高度 925.0 米。2003 年建设自动气象站,2018 年福泉国家气象观测站通过"中国百年气象站"50 年站认定

▲ 平坝国家气象观测站始建于1957年10月21日，位于平坝区县城关镇塔山，观测场海拔高度1298.2米。2018年平坝国家气象观测站通过"中国百年气象站"50年站认定

▲ 晴隆国家气象观测站始建于1958年10月1日，位于晴隆县莲城镇文化西路，观测场海拔高度1552.7米。1959年1月1日正式开展气象观测工作，2018年晴隆国家气象观测站通过"中国百年气象站"50年站认定

● 其他国家站

▲ 湄潭国家基本气象站始建于 1940 年 4 月 1 日，位于湄潭县湄江街道新街村黑石坡，观测场海拔高度 807.6 米

▲ 册亨国家气象观测站始建于 1955 年 8 月，位于册亨县者楼镇陵园路，观测场海拔高度 584.8 米。1956 年 1 月 1 日正式开展气象观测工作

▲ 锦屏国家气象观测站始建于 1956 年 10 月 1 日,位于锦屏县敦寨镇岩鹰坡,观测场海拔高度 476.2 米

▲ 三穗国家基准气候站始建于 1958 年 1 月 1 日,位于三穗县八弓镇公园路城西郊外,观测场海拔高度 626.9 米

▲ 印江国家气象观测站始建于 1958 年 11 月 1 日，印江土家族苗族自治县峨岭镇沙子堡，观测场海拔高度 521.5 米

▲ 岑巩国家气象观测站始建于 1959 年 10 月 1 日，位于岑巩县大圆北路消防队后面原老职中校区后面小山，观测场海拔高度 423.0 米

▶▶ 常规气象观测站

▲ 赫章韭菜坪国家级常规站

▲ 天星桥交通站

▲ 丹寨县扬武省级考核常规站

▶▶ 应用气象站

▲ 农情实景观测小气候站——赫章韭菜坪

▲ 农情实景观测小气候站——安顺镇宁中药材基地

▲ 丹寨应用气象观测站始建于2010年11月，位于丹寨县城东门外老鹰岩，观测场海拔高度963.2米。2012年2月20日正式投入业务运行，观测土壤深度0～50厘米

▲ 安顺雷电监测站

▲ 麻江应用气象观测站始建于2012年7月，位于麻江县城郊西山坡，观测场海拔高度983.8米。2014年12月1日正式投入业务运行，观测土壤深度0～50厘米

▶▶ 台站建设（各市、州代表站）

自"七五"以来，贵州省气象局以各时期气象现代化建设为指导，在中国气象局和贵州省人民政府的大力支持下，开展了多轮气象台站基础设施建设。尤其是"十三五"以来，按照中国气象局关于推进气象现代化建设的总体要求和县级气象机构改革发展的战略部署，结合贵州气象事业发展，遵循统筹规划、严格标准、规范建设的原则，加大对基层台站基础设施建设投入力度，持续推进基层台站建设，全面提升基层台站的业务承载能力和现代化水平，全面改善基层台站业务工作环境。截至2018年年底，贵州基础设施达标的气象台站66个，达标率达74.16%，在建台站17个，预计2019年底达标。

● 贵阳市气象台站

▲ 1999年，贵阳市气象局714雷达楼

▲ 贵阳市气象局多普勒雷达探测塔楼（建成于 2002 年 3 月）

▲ 贵阳市气象局主体业务用房（建成于 2002 年，外观修缮于 2014 年）

▲ 花溪区气象局老办公用房（建于 20 世纪 80 年代初）

▲ 花溪区气象局业务用房，搬迁台站（建成于 2011 年 6 月）

▲ 贵阳市开阳县气象局业务观测场（建成于 1997 年）

▲ 贵阳市开阳县气象局业务楼（建成于 2019 年）

▲ 2001年，清镇市气象局大院

▲ 贵阳市清镇市气象局主体业务用房，搬迁台站（建成于2016年8月）

● 安顺市气象台站

▲ 安顺市气象局办公楼（建成于 2011 年）

▲ 关岭布依族苗族自治县气象局办公楼（2003 年建成使用）

▲ 安顺市紫云县气象局老业务楼

▲ 安顺市紫云县气象局业务用房（建成于2014年）

● 遵义市气象台站

▲ 遵义市气象局大院改造前后对比图

▲ 遵义市播州区（原遵义县）气象局旧址（拍摄于 2007 年）　　▲ 播州区气象局业务大楼（拍摄于 2018 年）

▲ 20 世纪 90 年代初，湄潭县气象局　　▲ 遵义市湄潭县气象局办公楼（建成于 2005 年）

▲ 遵义市绥阳县气象局观测站大门（拍摄于 2005 年）　　▲ 遵义市绥阳县气象局主体业务用房（建成于 2016 年 9 月）

▲ 遵义市习水县气象局老门（前门）（拍摄于 2008 年）　　▲ 遵义市习水县气象局业务楼（建成于 2008 年）

▲ 遵义市余庆县气象局老办公楼（修建于 1986 年）　　▲ 遵义县余庆县气象局业务用房（建成于 2014 年 11 月）

● 黔南州气象台站

黔南州气象局大门 ▶

▲ 黔南州瓮安县气象站（拍摄于 2004 年）

▲ 黔南州瓮安县气象局办公大楼（建成于 2016 年 1 月）

▲ 20 世纪 90 年代建设的黔南州独山县气象局办公楼

▲ 黔南州独山县气象局新主体业务用房（建成于 2014 年 11 月）

▲ 搬迁前的黔南州长顺县气象局

▲ 黔南州长顺县气象局新主体业务用房（建成于 2017 年 2 月）

● 黔东南州气象台站

▲ 黔东南州岑巩县思阳镇马院村桐木寨反背坡气象观测场（拍摄于 1959 年）

◀ 黔东南州岑巩县气象局现用业务用房（始建于2009年，2017年重修后搬入，与环保局共用）

▲ 黔东南州黄平县旧气象站（拍摄于 2000 年 5 月 13 日）

► 黔东南州黄平县气象新业务用房（拍摄于 2017 年 9 月 15 日）

- 黔西南州气象台站

▲ 黔西南州气象局新业务楼（建成于 2008 年）

▲ 黔西南州兴义市雷达气象站

▲ 普安县气象局原址，右侧业务用房为2000年在旧炮库（1995年修建）上面加层修建，2018年6月拆除重建

▲ 黔西南州普安县气象局新办公楼（右面业务用房建成于2019年）

● 六盘水市气象台站

▲ 六盘水市六枝气象局（拍摄于 1992 年）

▲ 六盘水市六枝气象局（2018 年投资修缮）

● 铜仁市气象台站

▲ 铜仁市玉屏侗族自治县气象局旧貌（拍摄于1985年）

▲ 铜仁市玉屏县气象局业务用房，搬迁台站（建成于2012年8月）

● 毕节市气象台站

▲ 20世纪70年代，毕节市金沙县气象局办公楼

▲ 毕节市金沙县新气象局办公楼（建于2010年）

▲ 毕节市纳雍县气象局旧址（1998 年前）

▲ 毕节市纳雍县气象局现址（修建于 2000 年）

▲ 毕节市纳雍县气象局业务用房（建成于 2015 年 8 月）

● 贵州省气象业务平台

▲ 贵州省气象台业务平台（拍摄于 2019 年 8 月）

▲ 贵州省公共气象服务平台（拍摄于 2019 年 8 月）

▲ 贵州省气象信息中心业务平台（拍摄于 2019 年 8 月）

▶ 高空气象观测

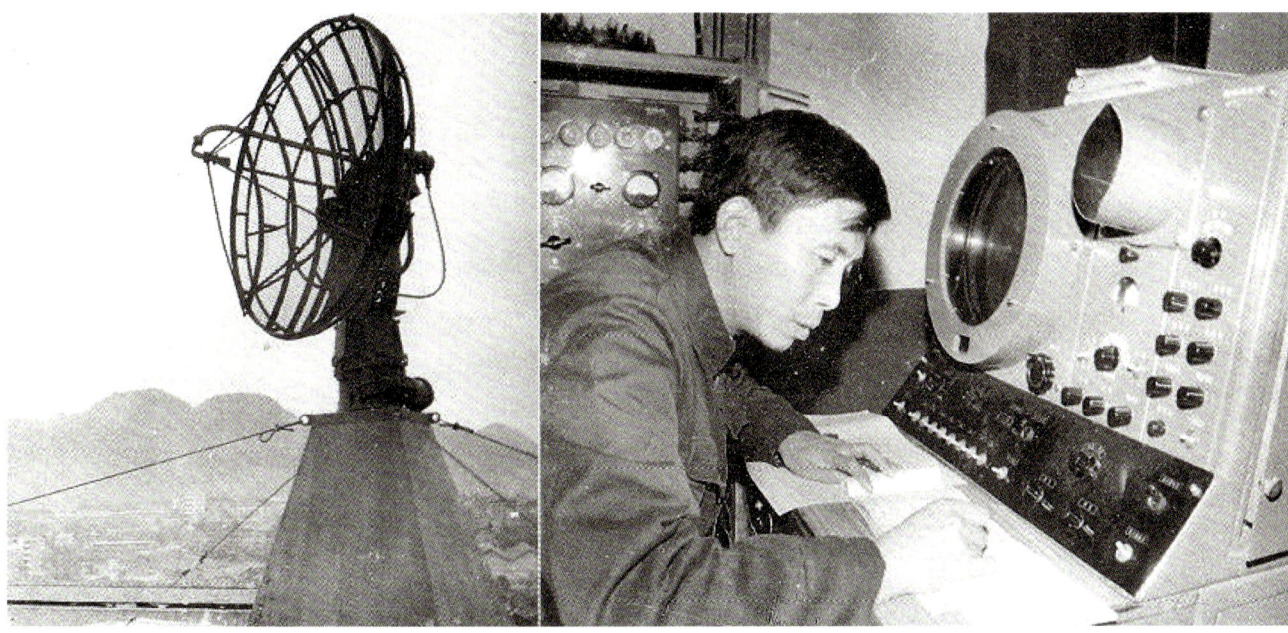

▲ 20世纪80年代,铜仁市气象观测设备

▶▶ L波段探空雷达

▲ 1951年8月9日,贵阳高空站探空雷达开展高空风探测

▲ 威宁探空站始建于1959年10月,1976年4月开始701雷达综合探空,2003年7月1日开始换型为L波段二次测风雷达综合探空

◀ 20世纪90年代，贵阳714雷达站

▲ 贵阳市气象局714雷达（左）与新一代雷达（右）

▶▶ X 波段全固态双偏振雷达

▲ 望谟全固态 X 波段双偏振雷达（建于 2017 年 7 月）

▲ 威宁全固态 X 波段双偏振雷达（建于 2017 年 6 月）

▶▶ 风廓线雷达

▲ 普定风廓线雷达（建于 2019 年 3 月）

▲ 威宁风廓线雷达（建于 2019 年 3 月）

▶▶ 新一代多普勒天气雷达

▲ 贵阳市新一代多普勒天气雷达（建于 2001 年 9 月）

▲ 都匀市新一代多普勒天气雷达（建于 2003 年 4 月）

▲ 毕节市新一代多普勒天气雷达（建于 2006 年 9 月）

▲ 遵义市新一代多普勒天气雷达（建于2003年7月）

▲ 六盘水市新一代多普勒天气雷达（建于2015年7月）

▲ 三穗县新一代多普勒天气雷达（建于2011年3月）

▲ 兴义市新一代多普勒天气雷达（建于2003年8月）

▲ 铜仁市新一代多普勒天气雷达（建于2012年9月）

▶ 空间天气观测

▲ "风云三号"气象卫星省级接收站(建于 2016 年)

▲ "风云四号"气象卫星省级接收站位(建于 2017 年 7 月)

气象预报预测和气候评估

近年来，贵州省气象部门持续推进气象现代化建设，建成的贵州省智能网格预报系统、贵州短临一体化业务系统、气象预报质量检验平台等系统已成贵州现代天气预报的主要业务系统，为全省气象防灾减灾工作提供了强有力的支撑。通过开展预报考核体系改革、实施预报员激励机制、完善预报预警管理等方式，贵州省短期天气预报质量稳步提升，多项要素预报稳居全国前列，暴雨预报质量得到明显提高，气象灾害预警信号准确率和提前量逐年提升。在气候评估方面，贵州气象部门紧抓避暑旅游需求，发挥资源优势，积极打造由避暑旅游辐射开来的全省生态旅游集团化品牌，全省旅游收入和人数连续多年保持井喷式增长。

▶ 短期天气预报质量稳步提升

提升天气预报准确率是气象工作的首要任务。2015 年以来，贵州省气象局通过不断完善预报管理模式，优化预报质量考核体系，持续开展本地预报方法研究等方式，全省 24 小时短期天气预报质量稳步提升，晴雨、低温等预报位于全国前列。

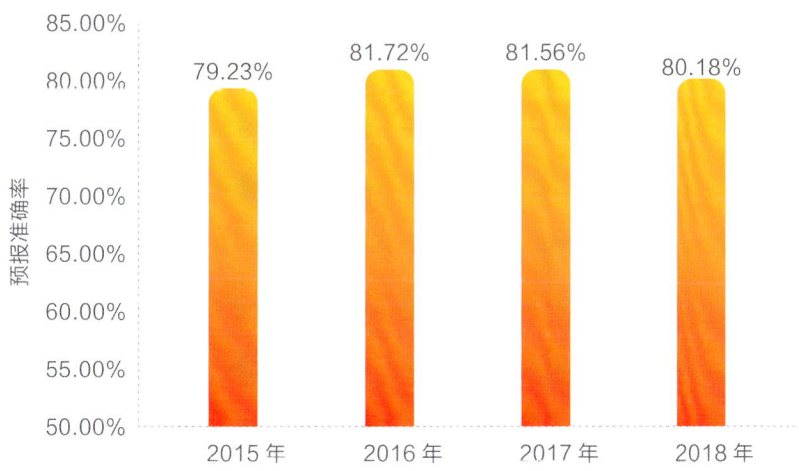

▲ 2015—2018 年，贵州省 24 小时晴雨预报质量稳定，基本保持在 80% 以上

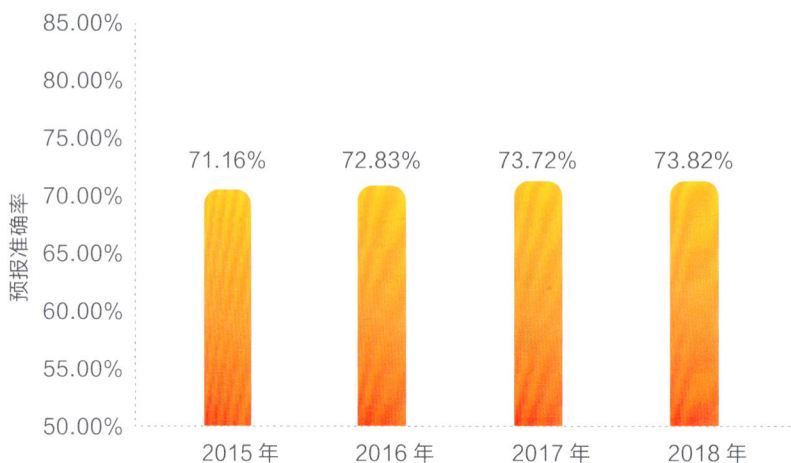

▲ 2015—2018 年，贵州省 24 小时高温预报准确率以年均 0.89% 的速度逐年提升

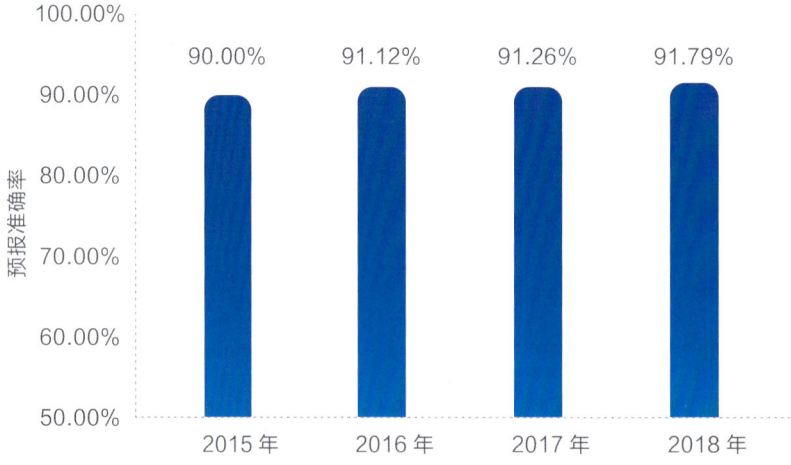

▲ 2015—2018 年，贵州省 24 小时低温预报准确率较好，均保持在 90% 以上，并以年均 0.56% 的速度逐年提升

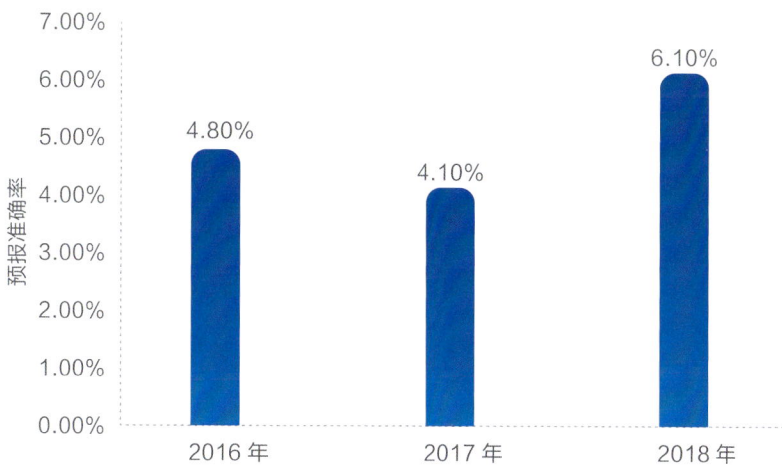

▲ 2018 年，贵州省 24 小时暴雨以上降水预报准确率较前两年提升 2%

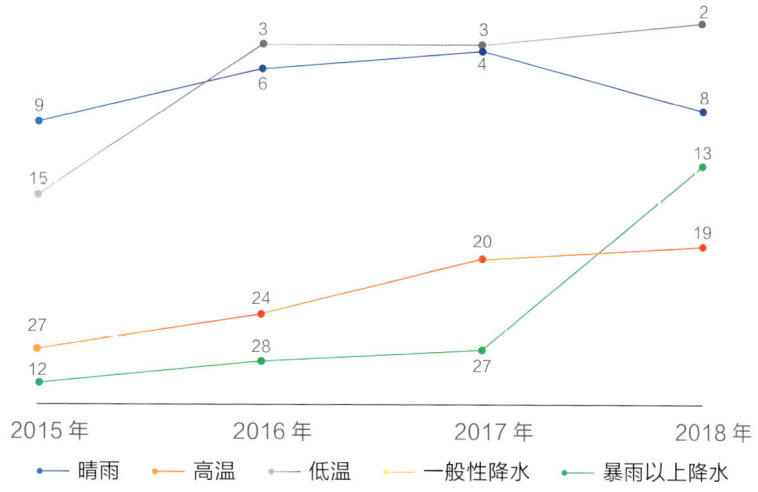

▲ 近年来，贵州省晴雨预报技巧排名稳居全国前 10 名；低温预报技巧连续三年排名全国前 3 名；2018 年暴雨预报全国排名较前两年平均提升 15 名，由全国垫底升至全国中等水平；高温预报以年均 3 名的速度由全国倒数提升至全国中等水平

▶ 气象灾害预警信号发展情况

2016 年以来，贵州省气象局通过不断完善气象灾害预警信号业务流程，优化预警新质量考核体系，强化各级业务指导等措施，全省预警信号准确率和提前量得到大幅提升。

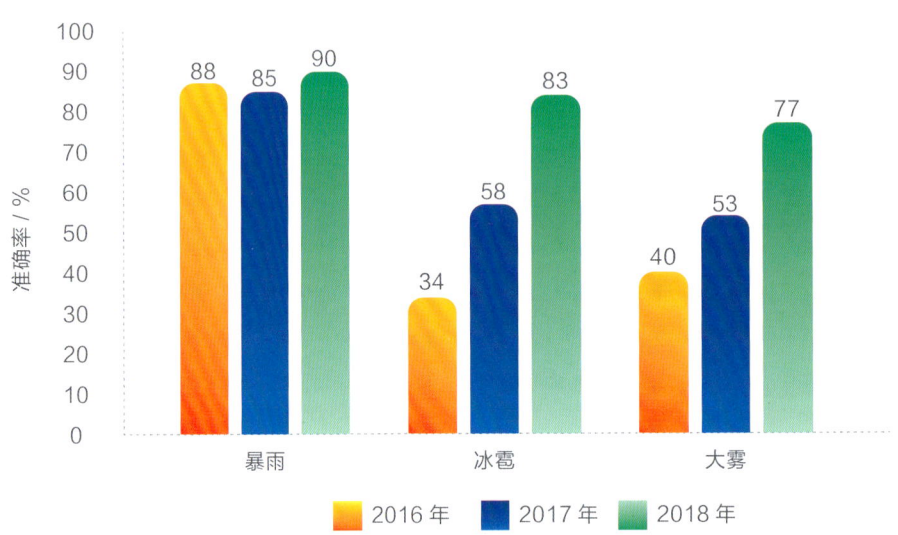

▲ 近年来，贵州省暴雨预警信号准确率逐年提升，在 2018 年达到 90%；冰雹预警信号准确率以年均 25% 的速度提升，在 2018 年达到 83%；大雾预警信号准确率由 40% 提升至 2018 年的 77%

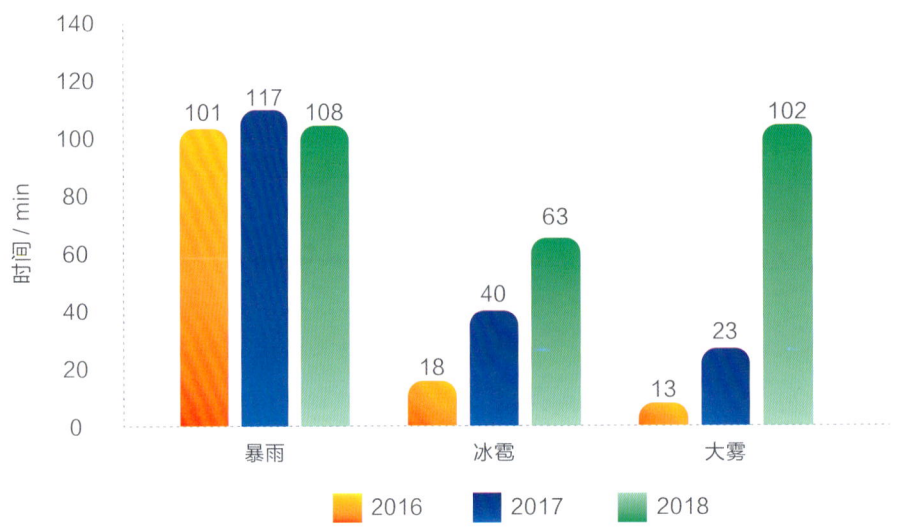

▲ 近年来，贵州省暴雨预警时间提前量保持在 100 分钟以上；冰雹预警时间提前量以年均 22 分钟的速度逐年提高；大雾预警时间提前量提升明显，2018 年较前两年平均提升 84 分钟

▶ 气象现代化建设（系统）成果

近年来，贵州省气象局持续推进气象现代化建设，现已基本建成贵州省智能网格预报系统、贵州短临一体化业务系统、气象预报质量检验平台等预报现代化系统。

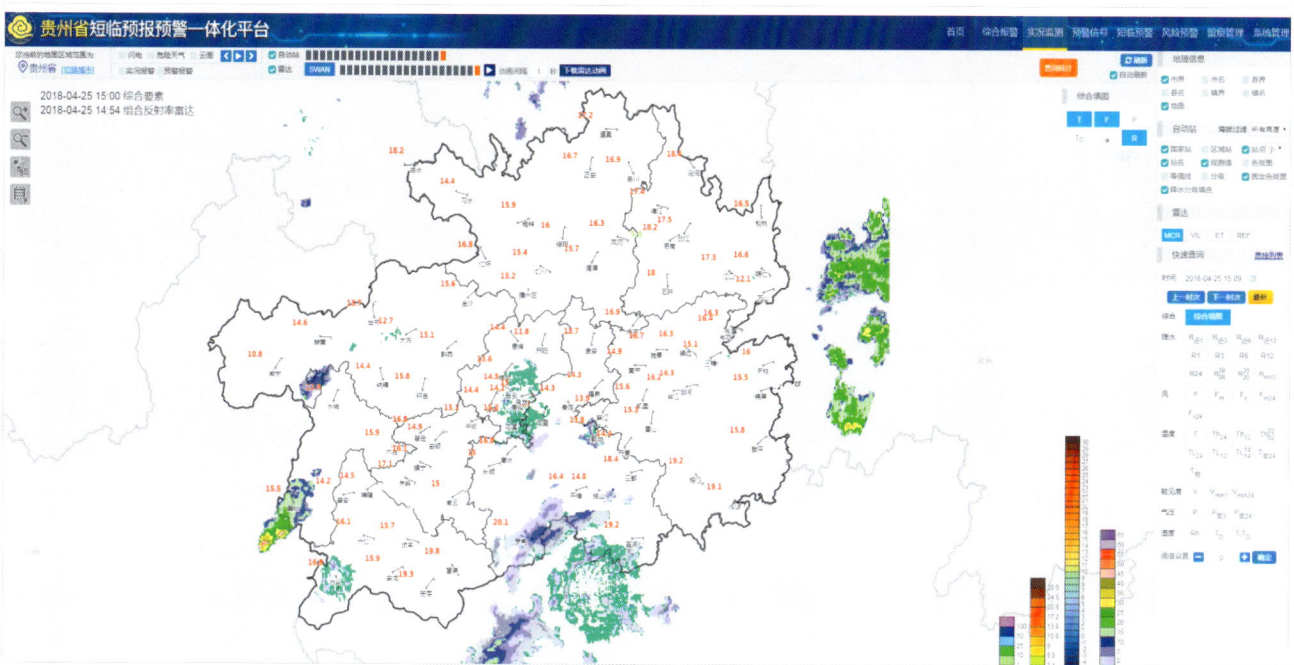

▲ 基本完成贵州省短临预报预警一体化平台建设，实现全省自动气象站、卫星、雷达、闪电等实况资料的快速查看、监测、统计和报警等

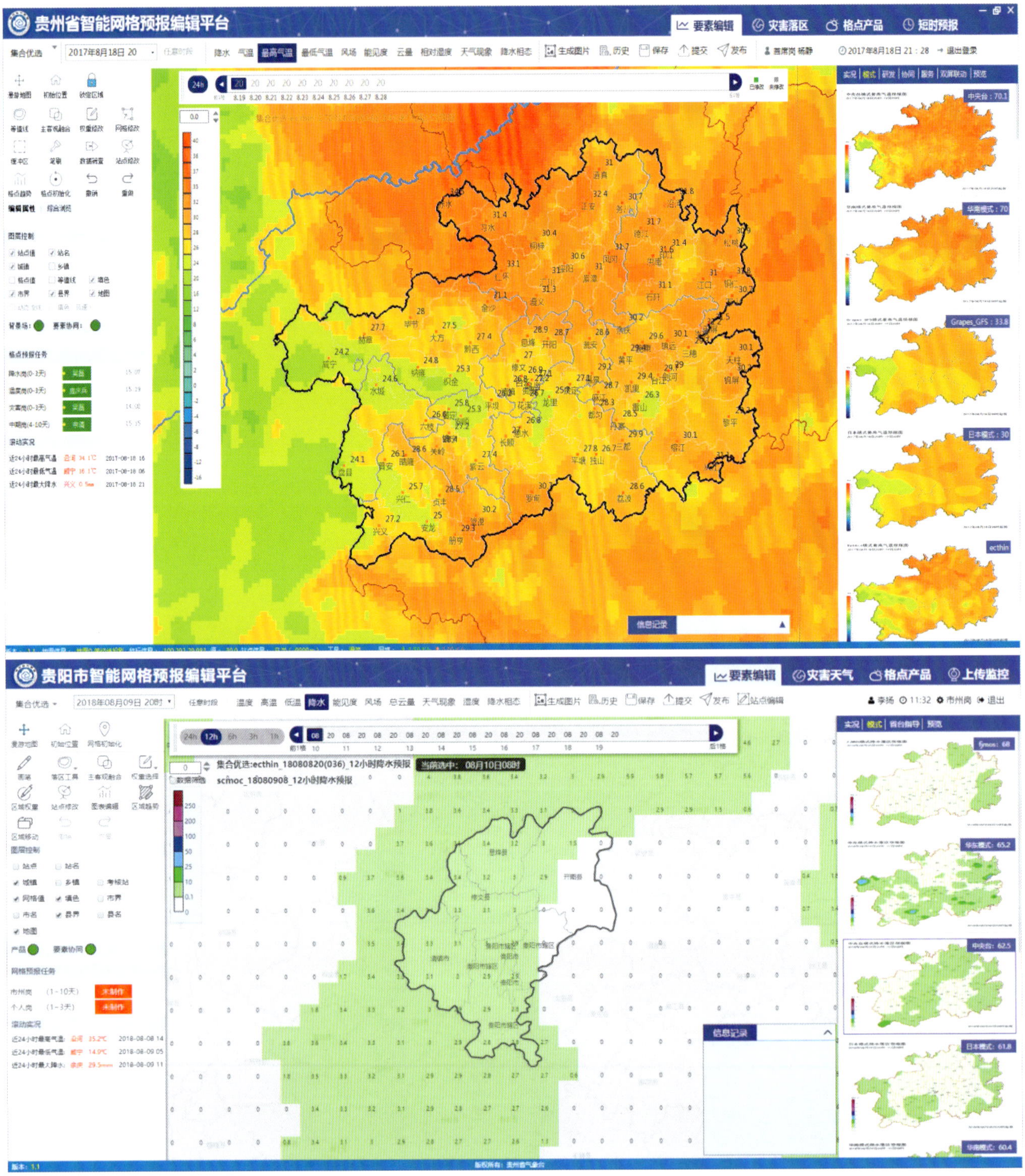

▲ 完成贵州省省级和市级智能网格预报平台建设,实现了1~10天逐3小时空间分辨率5千米的降水相态、气温、UV风、能见度、天气现象等气象要素网格预报产品和雷暴、短时强降水、冰雹、雾等灾害天气72小时内逐3小时间隔的网格预报业务产品的业务化运行,省级智能网格预报业务于2018年12月通过中国气象局单轨业务运行审批

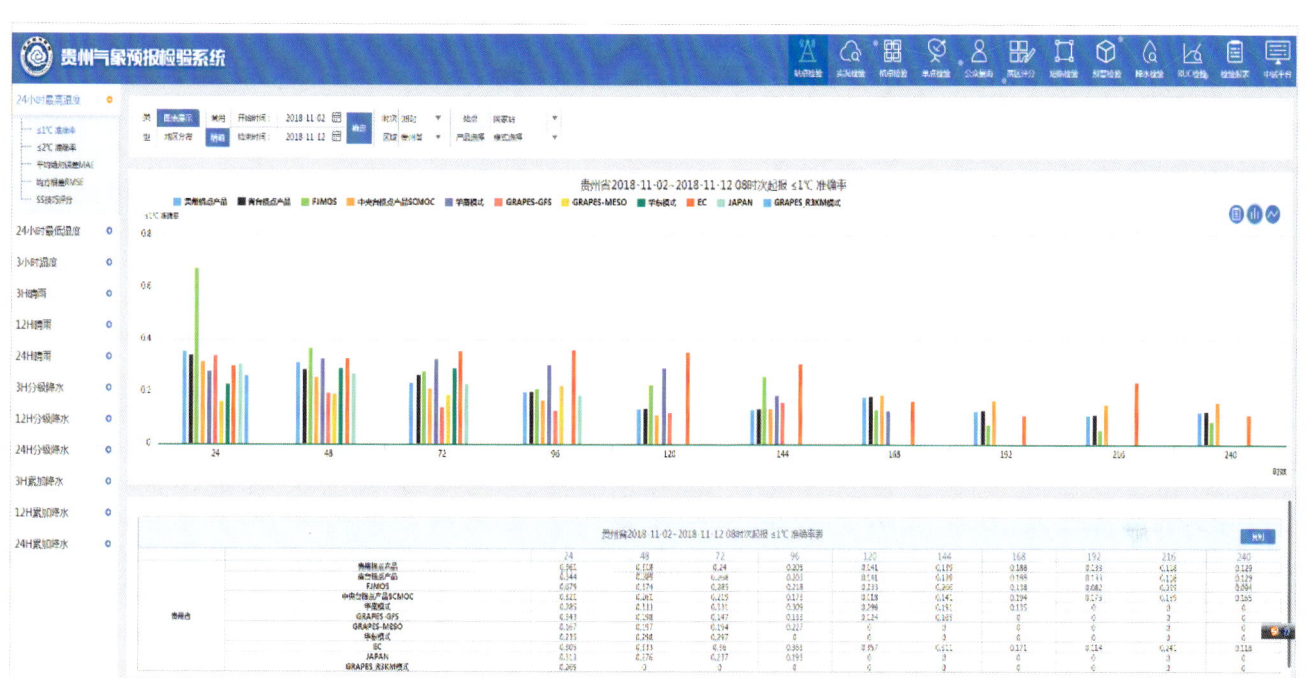
▲ 贵州省省级数值预报检验平台基本建设完成，实现对 7 家数值预报模式 3 种检验方法的站点和格点预报检验

气象科技篇

多年来，贵州省气象局重视气象科技创新体系建设，积极推进气象科技创新体系构架，初步建成暴雨山洪、农业气象、冰雹防控3个外场试验基地和"气象科技创新平台""大数据应用平台""众创众筹平台"3平台，形成集研发、中试、应用为一体的省级气象科技创新体系，并发挥向市、州、县的技术辐射作用。

贵州省气象部门围绕贵州特色，以积极服务地方经济社会发展为宗旨，在气象及相关领域依靠科技创新开展了多方面的科学研究，在气象灾害预警防御评估、生态环境保护、气象预报预测、人工影响天气、气候资源评估与开发利用、气候变化预估与应对、气象服务、气象综合保障与应急服务、农村信息化建设等方面取得了大批科技成果，在相关技术领域取得多项关键性突破，大力提高了贵州省气象防灾减灾能力。

通过不懈努力，贵州省气象部门硕果累累。"贵州农村综合经济信息网创建与推广应用"获2009年度贵州省科技成果转化奖一等奖；"贵州旅游气候资源开发利用研究与应用""贵州凝冻形成机理及监测预警体系研究"和"贵州省雷电监测预警预报服务系统"获2010年、2011年度贵州省科学技术进步奖二等奖；"导线覆冰的气象预报与风险评估技术"获2018年气象科学技术进步成果奖二等奖；另有多项成果获贵州省科技进步奖三等奖、四等奖。

气象科技发展

▲ 贵州省农业气象外场试验基地业务楼

▲ 贵州省农业气象外场试验基地

▲ 贵州省冰雹防控外场试验基地

▲ 贵州省气象局获贵州省人民政府科学技术奖励

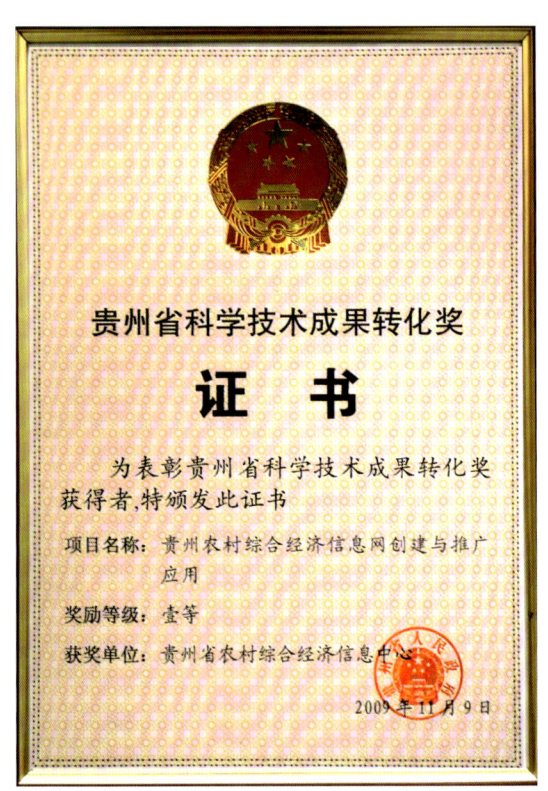

▲ "贵州农村综合经济信息网创建与推广应用"获2009年度贵州省科学技术成果转化奖一等奖

▲ "贵州旅游气候资源开发利用研究与应用"获2010年度贵州省科学技术进步奖二等奖

▲ "贵州凝冻形成机理及监测预警体系研究"获2011年度贵州省科学技术进步奖二等奖

▲ "贵州省雷电监测预警预报服务系统"获 2011 年度贵州省科学技术进步奖二等奖

▲ "贵州省山地雷电灾害防御技术体系研究与应用"获 2016 年度贵州省科学技术进步奖三等奖

▲ "贵州省气候变化影响评估研究"获 2016 年度贵州省科学技术进步奖三等奖

▲ "贵州卫星气象遥感技术研究及应用"获 2016 年度贵州省科学技术进步奖三等奖

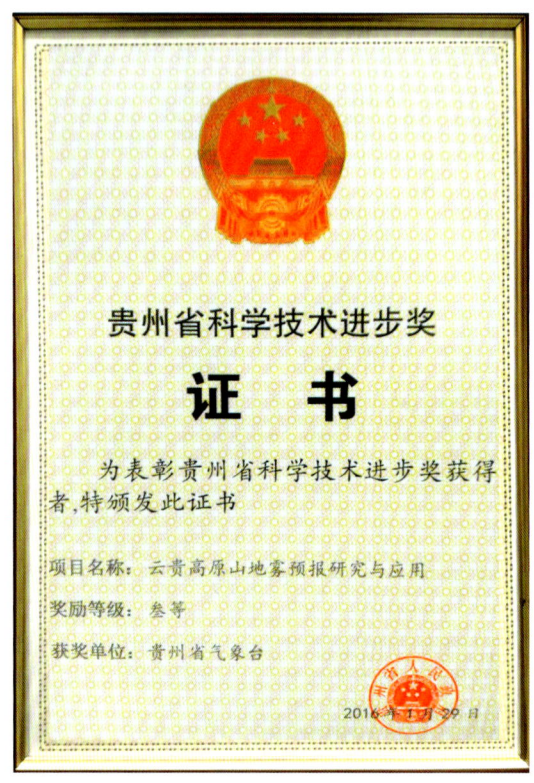

▲ "云贵高原山地雾预报研究与应用"获2015年度贵州省科学技术进步奖三等奖

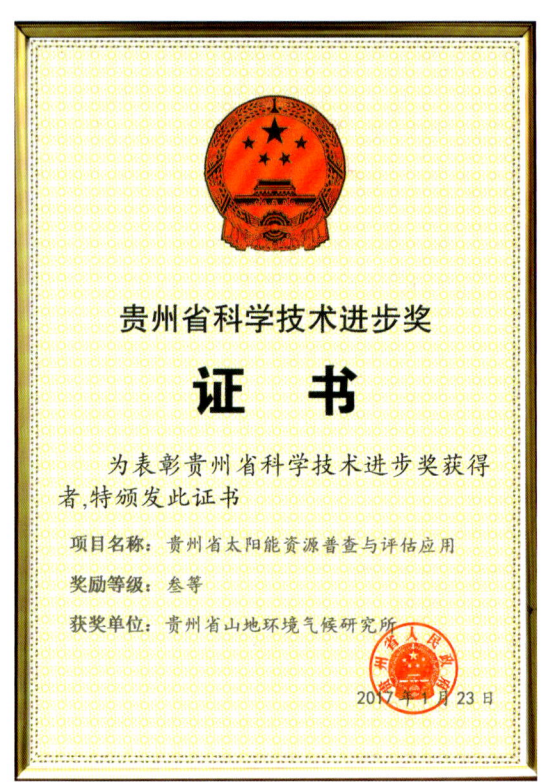

▲ "贵州省太阳能资源普查与评估应用"获2016年度贵州省科学技术进步奖三等奖

▲ 陈百炼等完成的项目"导线覆冰的气象预报与风险评估技术"获2017年度中国气象学会气象科学技术进步成果奖二等奖

▲ "贵州省人工影响天气业务体系关键技术研究及应用"获2014年度贵州省科学技术进步奖三等奖

气象科技篇 | **贵州**

▲ 贵州省气候中心研制的贵州省电线覆冰厚度预评估业务系统

▲ 贵州省气象局部分科研成果

123

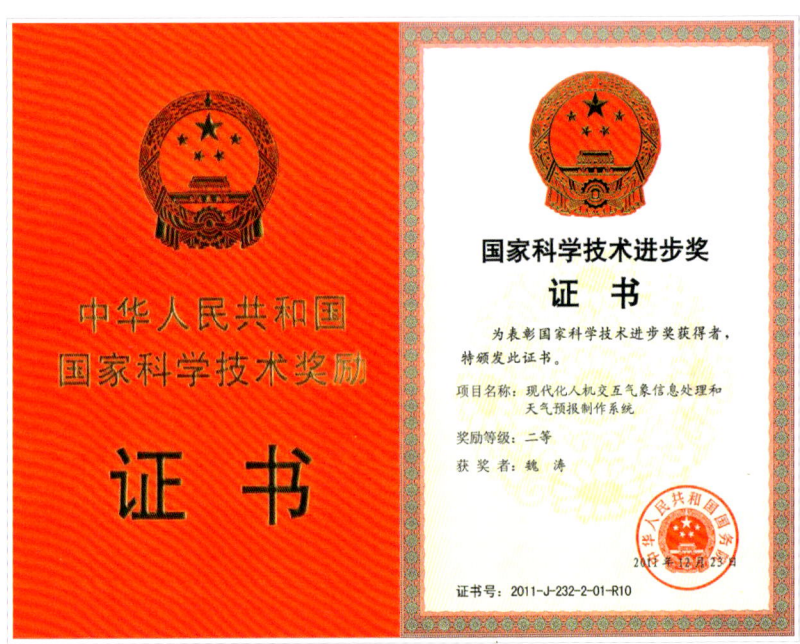

▲ 贵州省气象台魏涛完成的项目"现代化人机交互气象信息处理和天气预报制作系统"获2011年度国家科学技术进步奖二等奖

▲ "贵州凝冻形成机理及监测预警体系研究"获2011年度贵州省科学技术进步奖二等奖

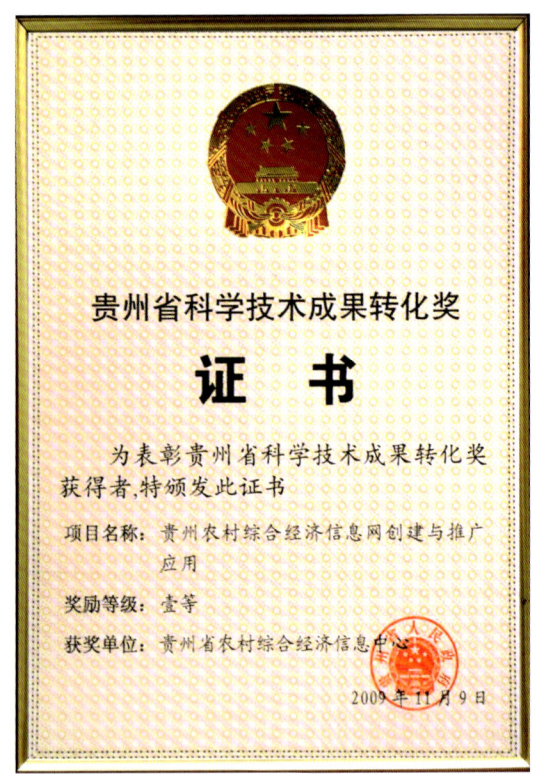

▲ "贵州农村综合经济信息网创建与推广应用"获2009年度贵州省科学技术成果转化奖一等奖

▲ "贵州降水(冰雹、雨水)资源调控技术研究"获2010年度贵州省科学技术进步奖三等奖

气象科技人才的培养

为加强贵州气象科技人才队伍建设，贵州省气象部门一直注重科技人才培养，在不同时期结合实际制定出台了相应的人才培养措施和激励政策。通过建立重实绩、重业务、重开发的人才培养和评价机制，培养了一批优秀的气象科技人才，促进了贵州的气象事业不断向前发展，在气象科研、业务服务、防灾减灾等各个方面充分发挥了作用，为贵州气象事业作出了应有的贡献。截至2019年12月底，全省气象部门在职人员1526人，其中参照《公务员法》管理的国家气象编制人员478人，国家气象事业编制1048人。拥有博士学位8人，硕士学位129人，硕士及以上人员占部门总人数9%，本科学历1131人，本科及以上学历占部门总人数83.1%；正高级专业技术人员21人（占比1.38%），副高级专业技术人员134人（占比8.8%），中级专业技术人员389人（占比25.5%）。处级领导干部87人，平均年龄46.5岁，45岁以下处级领导干部35人（占比40.23%），大学本科及以上学历86人（占比98.85%）。共有68名县气象局局长，平均年龄44.3岁，大学本科及以上学历57人（占比83.82%）。

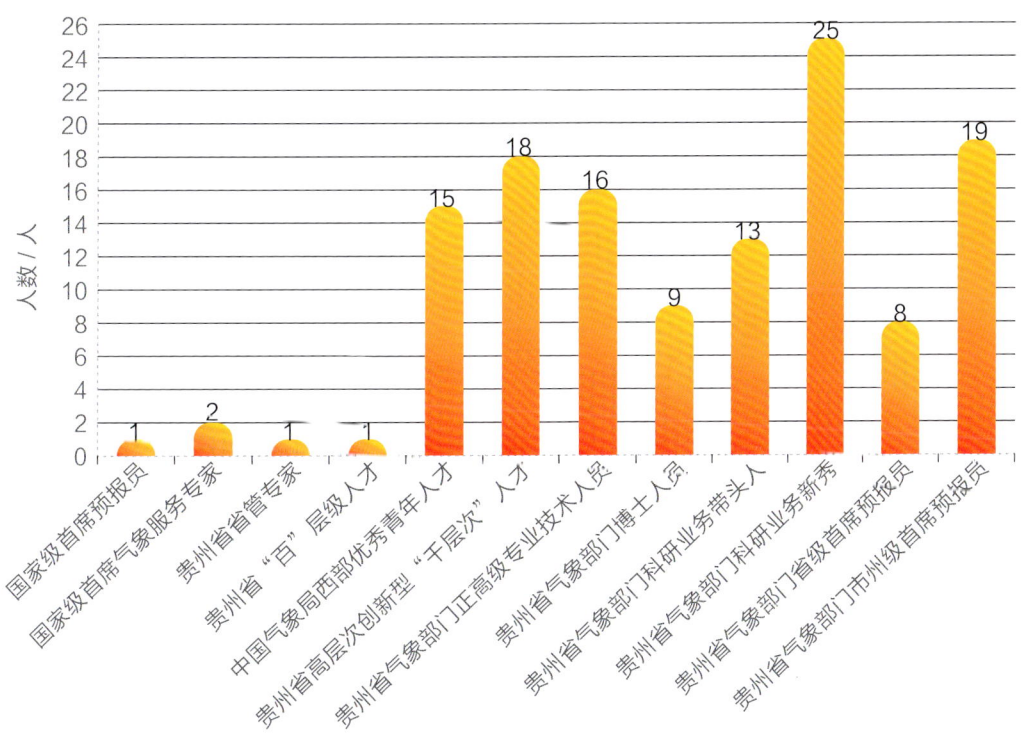

▲ 贵州省气象部门科技人才培养情况

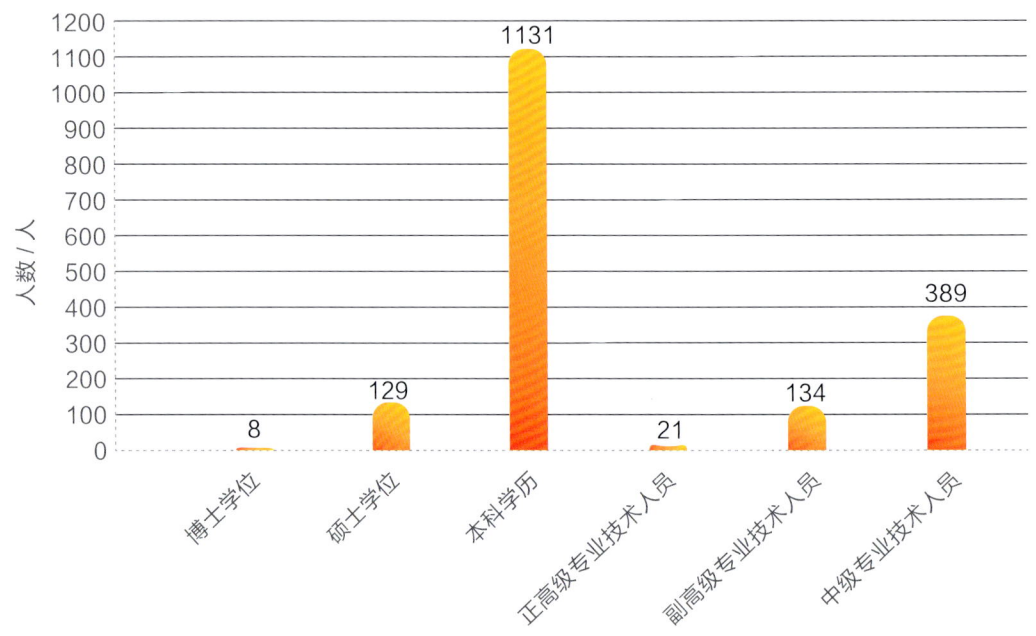

▲ 贵州省气象部门人员学历、职称情况

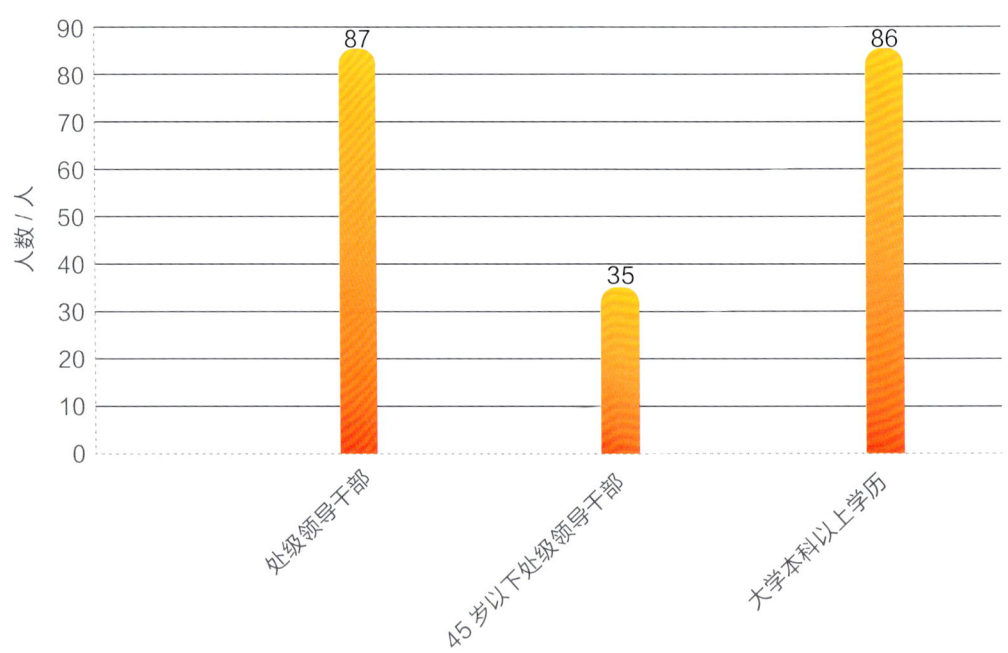

▲ 贵州省气象部门处级干部情况

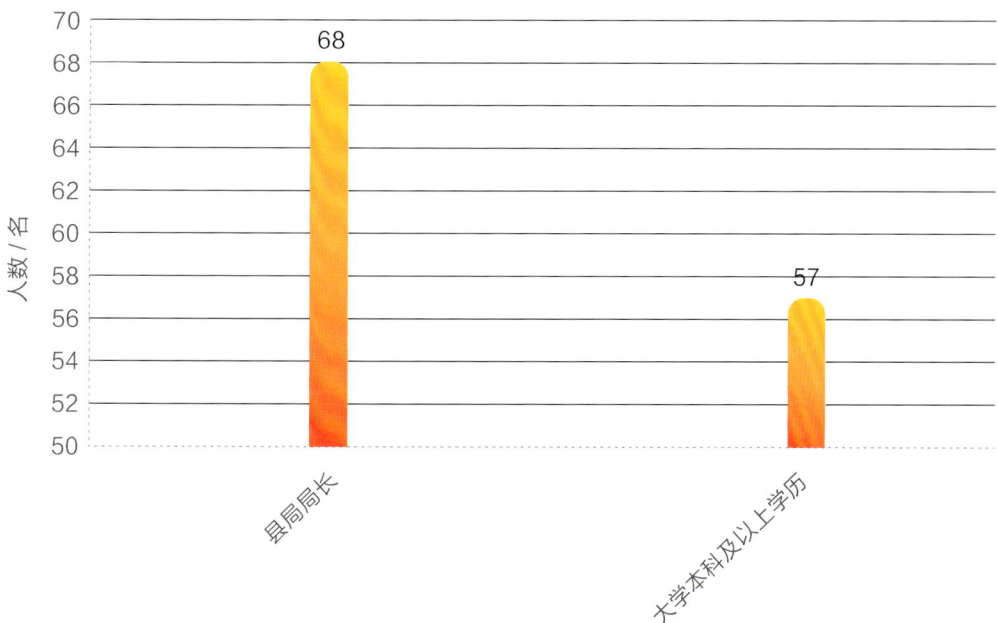

▲ 贵州省气象部门县气象局局长情况

▲ 2017年9月26—28日,贵州省气象部门第三期新入职人员培训班

▲ 2017年5月25日，贵州省气象部门组织省、市、县一体化短临预警业务平台暨预报业务技能培训

▲ 2018年3月20—23日，贵州省组织全省气象部门处级干部学习贯彻党的十九大精神轮训班（图为开班仪式）

气象科学普及

改革开放以来，特别是第二次全国气象科普工作会议以来，贵州气象科普工作紧紧围绕公共气象服务，面向民生、面向生产、面向决策，以社会需求为引领，以气象防灾减灾、应对气候变化为重点，以加强气象科普能力建设为核心，大力提升气象科普社会化水平，不断创新气象科普内容与形式，使气象科普工作在深度和广度上不断发展，形成了世界气象日、气象台站对外开放、气象科普基地、气象夏令营、气象书报刊、气象科普影视等一系列独具特色的气象科普品牌，气象科普工作呈现出全面发展的良好态势，取得了显著的社会效益，为促进经济社会进步、推动气象事业发展起到了重要的作用。

近年来，贵州省气象局紧紧围绕"防灾减灾 气象先行"工作理念，切实做好气象科普工作，打造走进气象寻"爽"贵阳、气象科普进校园，与媒体开辟气象专栏"泄天机""新语二十四节气""气象诗词会""气象局长说天气""聊斋聊灾""谈天说地话气象"等一系列气象科普品牌。

▲ 2007年6月28日，贵州省气象局、省政府应急办及省教育厅联合组织向全省中小学赠送防雷科普教材（图为启动仪式）

▲ 2012年8月15日，贵州省气象局组织气象科普贵阳寻"爽"活动

▲ 2013年，贵州省气象局组织"第一届贵州省青少年气象夏令营"

▲ "第一届贵州省青少年气象夏令营"营员参观人影高炮作业基地

▲ 2013年,贵州省气象局组织"走进气象 寻'爽'贵阳"避暑之都活动(图为市民在大十字监测点查看实时气温)

▲ 2014年3月23日,贵州省气象局组织气象日开放活动

▲ 2015年，世界气象日活动（图为贵州师范大学学生组团参加开放活动）

▲ 2015年，世界气象日活动（图为工作人员向学生介绍自动气象站工作原理）

▲ 2015年，世界气象日活动，会展场馆挤满前来参观人员

▲ 2015年，世界气象日活动（图为人影工作人员向公众讲解人影火箭工作原理）

▲ 2015年，世界气象日活动（图为学生体验风向仪）

▲ 2016年，贵州省气象宣传科普中心组织送科普书籍进校园活动

▲ 2016年10月17日，贵阳市第十八中学气象科普进校园活动（图为启动仪式现场赠书合影）

▲ 近年来，贵州省气象局局长赵广忠开展防灾减灾与应急管理专题讲座近百场，覆盖各级党委政府和相关基层应急管理机构负责人3万余人次（图为2013年9月23日，赵广忠局长在科技馆做科普讲座）

《贵州都市报》开辟系列科普栏目

▲ 贵州省气象局与《贵州都市报》开辟系列科普栏目

◀ 2015年,《贵州都市报》开辟《泄天机》专版

▶ 新语二十四节气歌

▲ 2017年，贵州都市报《气象诗词会》专版

▶ 科普视音频节目

▲ 2014 年，贵州省气象局党组成员轮流走进"贵州省交通广播阳光 952"演播室直播《气象局长说天气》

▲ 2019 年，科普平台《气象营地》微信公众号定期推送科普栏目

▲ 2016 年 8 月 3 日，第一期《谈天说地话气象》录制现场

▲《聊斋 聊灾》节目

▲ 黔东南州气象局被中国科学技术协会授予"全国科普教育基地",被中国气象学会授予"全国气象科普教育基地"

▲ 2019年6月,贵州省气象局到花溪民族小学赠送气象科普书籍

▲ 贵州省气象局组织全省气象科普大赛

▲ 《绿镜头·发现中国——走进贵州》正式出版

▲ 2015年5月12—20日,由中国气象局和中共贵州省委宣传部联合主办,中国气象局办公室、中共贵州省委外宣办等承办的"绿镜头·发现中国——走进贵州"系列采访活动在贵州举行

气象信息与装备保障

▶ 大数据实验室建设

▲ 2016年,贵州省气象局与浪潮集团达成战略合作关系,共同组建大数据应用开放实验室

▲ 基于气象大数据平台,应用大数据、互联网技术,融合各行业数据,贵州省打造县级防灾减灾救灾决策支持平台。2017年12月1日,"防灾减灾联动支撑平台"在桐梓县气象局投用(图为民政部现场调研防灾减灾平台)

▲ 2016年，基于三维地理信息系统（GIS），运用时空大数据、人工智能2.0，实现视频、声光超媒体等技术构建一体化联动指挥的大数据虚拟现实作战地图

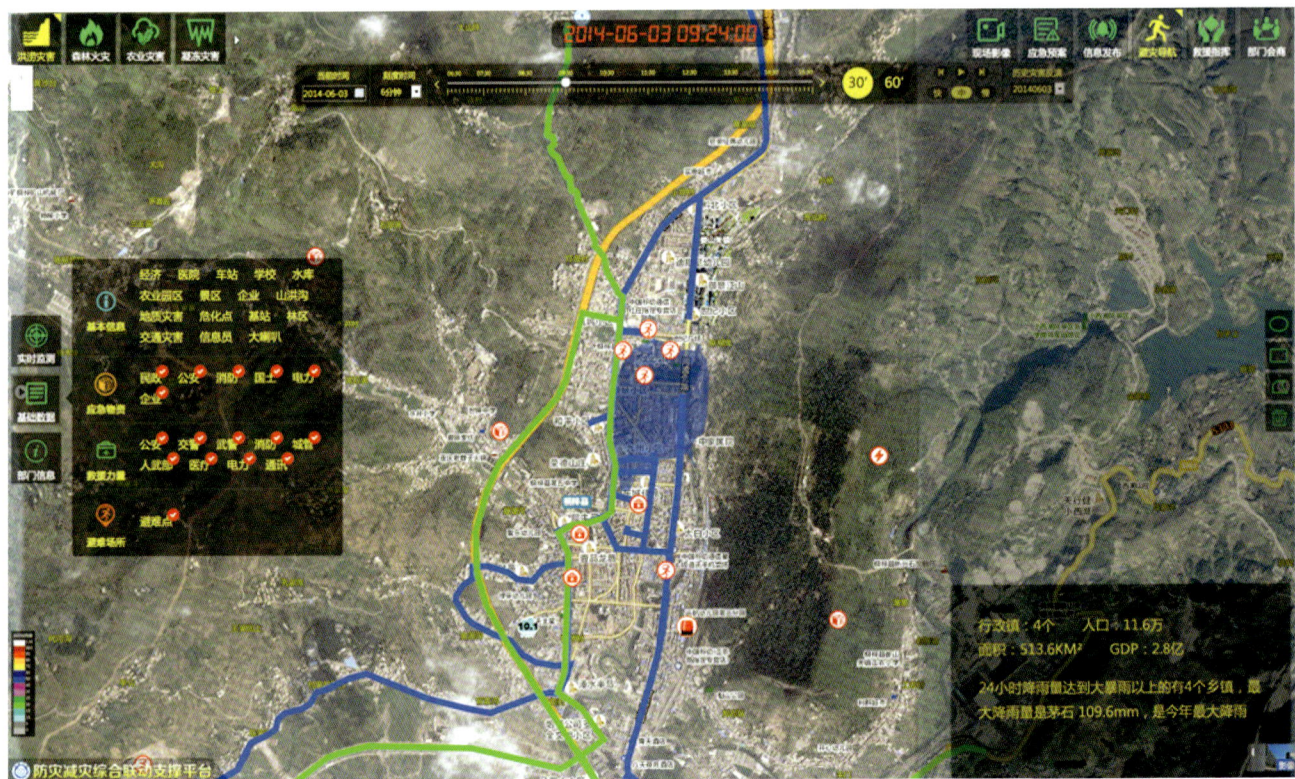
▲ 利用地质、气象、灾害历史数据，运用时空大数据及人工智能2.0技术实时预测水淹区域，结合市政、民政等数据实时动态规划避灾、救援路线，辅助决策指挥

气象科技篇 **贵州**

▲ 利用卫星、雷达等监测手段，结合多部门实时数据开展灾害监测与精细化预报，主动监控，及时预警

▲ 利用"三个叫应"、国家突发预警信息发布平台等多渠道、多类型发布手段支撑防灾减灾工作的事前、事中、事后全程多部门联动指挥调度

气象管理篇

　　1949年12月9日，新中国成立不久，中央人民政府、人民革命军事委员会和政务院就明确气象工作归军队建制。1953年，气象工作军队建制转到政府系统建制。1980年，按照省政府批转的《关于调整我省气象工作管理体制的报告》，将气象工作以地县为主改为省气象局与地县双重领导，以省气象局为主。1983年，省政府办公厅批转省气象局《关于我省地、县气象部门机构改革方案的报告》。1992年，省政府下发关于进一步加强气象工作的政策性文件，建立双重计划财务体制。1999年，按照中国气象局要求，继续实施事业结构战略调整，逐步形成了由气象行政管理、基本气象系统、气象科技服务与产业组成的事业框架。1998年、2006年，省政府先后出台加快发展本省地方气象事业和进一步加快气象事业发展的政策性文件，从组织领导、财政保障等机制方面给予全省气象事业发展强有力的支持。党的十八大以来，继续深化行政审批制度、防雷减灾体制、县级气象机构综合改革。

气象管理体制

▲ 贵州省气象局大门旧貌(拍摄于 2000 年改造前)

▲ 贵州省气象局大门（拍摄于 2016 年 11 月改造后）

▲ 贵州省气象局大院旧貌

▲ 贵州省气象局行政办公楼（改造后）

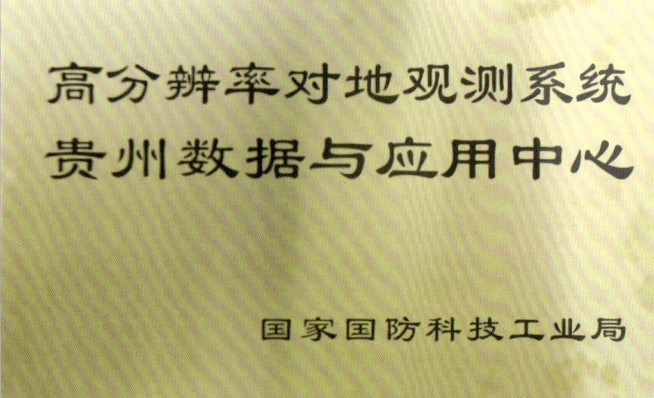

▲ 2017年，成立高分辨率对地观测系统贵州数据与应用中心　　▲ 2018年，成立贵州省生态气象和卫星遥感中心

▲ 2018年，成立贵州省生态气象和卫星遥感中心

▲ 2006年，建立贵州省人工影响天气作业指挥中心批复文件

▲ 2012年，贵州省人工影响天气作业指挥中心更名为贵州省人工影响天气办公室

贵州省机构编制委员会办公室文件

省编办发〔2012〕240号

关于贵州省气象局所属事业单位清理规范意见的通知

省气象局：

根据省编委《关于印发<贵州省开展事业单位清理规范工作方案>的通知》（省编字〔2011〕2号），现将你局所属事业单位清理规范意见通知如下：

一、保留的事业单位

保留你局事业单位4个。

（一）不需要规范的事业单位

贵州气象黔云培训中心

（二）需要规范的事业单位

1、贵州省人工影响天气办公室

宗旨：为我省经济社会发展、防灾减灾和国防建设提供人工影响天气服务。

业务范围：负责制定全省人工影响天气发展规划和安全监管、作业装备年检、组织指挥调度、技术人员培训、专用物资采购、储运等工作；负责省级人工影响天气财务的计划安排；负责人工增雨飞机的租用、空域协调、飞行作业实施和安全监督工作；负责飞机人工增雨技术研究和新技术的推广应用以及综合效益评估等工作；负责跨省区域飞机增雨作业组织保障和省内冰雹联防、增雨联动协调组织工作及专业化服务的组织协调工作。

内设机构：办公室、业务发展科、安全监管科、计划财务科。

省人工影响天气办公室为你局所属正县级事业单位，核定事业编制12名，其中：管理人员4名，专业技术人员7名，工勤人员1名。

领导职数：主任1名，副主任2名，内设机构领导职数6名。

经费形式：财政全额预算管理。

2、贵州省农村综合经济信息中心

宗旨：开展农村综合经济信息服务体系，促进贵州现代农业和农村经济发展。

业务范围：负责全省农村综合经济信息网络的规划发展、组织管理、建设服务；负责全省农村信息化基础设施和信息服务共享平台等重大项目的申报并组织实施；负责农产品生产、市场供求等农村综合经济信息的汇总、处理、分析，及时向农村和农民提供信息服务、技术咨询、电子商务服务，培训农村信息人才；负责为各级党委、政府提供涉农综合经济信息，建设为农便民服务窗口，为农村防灾减灾提供快捷信息传播通道；承担省委、省政府交办的其他事项。

内设机构：办公室、信息管理部、技术开发部、发展合作部。

省农村综合经济信息中心为你局所属正县级事业单位，核定事业编制20名，其中：管理人员3名，专业技术人员16名，工勤人员1名。

领导职数：主任1名，副主任2名，内设机构领导职数8名。

经费形式：财政全额预算管理。

3、贵州省防雷减灾办公室

省防雷减灾办公室的机构编制事项待清理规范工作结束，专题调研后另行文。

二、其他事项

本《通知》自印发之日起执行，你局所属事业单位原定机构编制事项与本《通知》不一致的，以本《通知》为准。

（此页无正文）

2012年7月17日

抄送：省财政厅、省人力资源社会保障厅、省人工影响天气办公室、省农村综合经济信息中心、省防雷减灾办公室

贵州省机构编制委员会办公室综合处　　2012年7月17日印发

共印26份

▲ 关于贵州省气象局所属事业单位清理规范意见的通知

党建工作

在贵州气象事业发展的各个时期,贵州省气象部门始终坚持党的领导,以"围绕发展抓党建,抓好党建带发展"为目标,切实抓好部门党建工作。党的十八大以来,全省气象部门认真履行全面从严治党主体责任,切实抓好部门党的建设,发挥了党组织的政治核心作用和党员的先锋模范作用。党的十九大以来,全省气象部门认真贯彻落实新时代党的建设总要求,坚持党要管党、全面从严治党,以党的政治建设为统领,全面推进全省气象部门党的政治建设、思想建设、组织建设、作风建设、纪律建设,把制度建设贯穿其中,深入开展反腐败工作,不断提高部门党建工作质量。

▲ 2016年6月30日,贵州省气象局组织纪念"七一"表彰大会

▲ 2017年11月29日,贵州省气象局党组班子及部分党员干部到中共贵州省工委旧址重温入党誓词

▲ 2018年8月30日,贵州省气象局与财政部驻贵州专员办、贵州省通信管理局联合开展党组中心组学习

▲ 中共贵州省气象局党组获评省直机关2015—2017年度学习型领导班子

▲ 中共贵州省气象局直属机关委员会获评省直机关2015—2017年度学习型党组织

▲ 2016年11月29日，贵州省气象局召开2016年度省气象局党支部书记述职会

▲ 2017年1月23日，贵州省气象局召开2017年全省气象部门党建工作会

脱贫攻坚

全面完成气象扶贫各项工作任务，贵州省气象局定点扶贫县实现脱贫摘帽。全省气象部门参加进村帮扶的党员干部、科技人员达 700 余人次，定点帮扶 100 余个贫困村。贵州省气象局扶贫工作队和科技扶贫队员深入村组和农户，真扶贫、扶真贫，付出了艰辛和汗水。各市（州）气象局和县气象局根据地方党委和政府的安排，抽派驻村第一书记和帮扶干部 110 余名，为扶贫工作作出了积极的贡献。全省气象部门有 17 名党员、4 个集体获各级党委脱贫攻坚表彰。

贵州省气象局制定并实施气象助力精准脱贫三年行动计划。全省贫困县灾害性天气监测预警能力得到提升，国突系统向 356 个贫困乡镇延伸，全省 9000 个建档立卡贫困村至少有 1 名信息员纳入国突系统。贵州农业气象 APP 实现新型农业经营主体全覆盖。都匀毛尖等 10 个特色农产品完成气候品质评估认证。开设气象扶贫特产馆，促进长顺县绿壳鸡蛋和织金县竹荪等农产品销售。《贵州改革情况交流》刊文《威宁"四个三"气象服务体系护航脱贫攻坚》肯定气象扶贫工作。

◀ 2017 年 3 月 11 日，贵州省气象局党组书记、局长赵广忠（左）回访贫困户彭光泽（右）

气象管理篇 **贵州**

2017年3月15日，贵州省气象局党组成员、纪检组长汤筑强（左三）深入贫困户开展调研

2018年11月30日，贵州省气象局党组成员、副局长帅军（左二）调研扶贫产业

▲ 2018年8月15日，贵州省气象局党组成员、副局长李登文（左三）调研扶贫产业

▲ 2017年9月26日，贵州省气象局党组成员、副局长、驻村工作队队长刘曙光（左一）查看帮扶项目

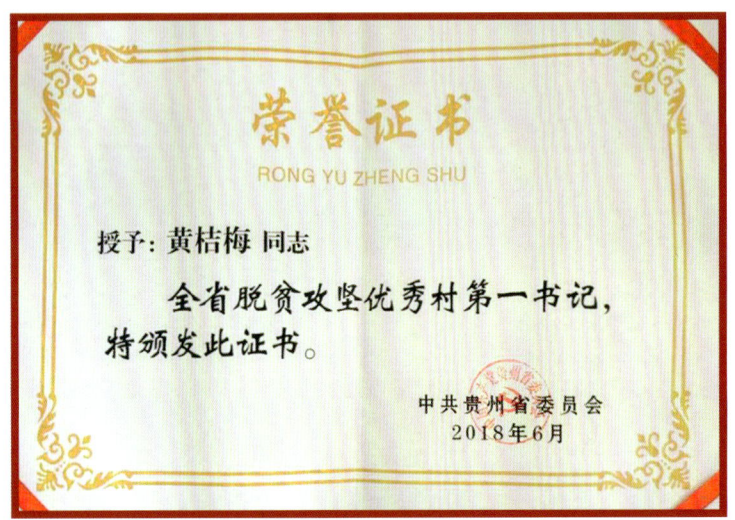

▲ 2018年6月，贵州省气象局选派驻村第一书记黄桔梅获评全省脱贫攻坚优秀村第一书记

▲ 贵州省气象局扶贫书记胡兴炜（右一）在扶贫表彰会上

▲ 2016年11月，贵州省人工影响天气办公室工会组织党员志愿者到六盘水市盘县红果镇开展了关爱留守儿童活动

▲ 六一儿童节来临之际，贵州省气象局同步小康驻村工作队一行为扶贫结对帮扶村的孩子们送去节日问候和防灾减灾气象科普趣味学习用品

▲ 2017年3月，贵州省山地环境气候研究所派出农业气象专家对铜仁市玉屏县帮扶点灾情进行实地调查，指导当地农业产业开展防控措施、减少灾害带来的损失

气象法治与标准化建设

《贵州省气象条例》经贵州省第九届人民代表大会常务委员会第四次会议审议通过，并于1999年1月1日起实行，这是贵州省首部地方性气象法规，也是全国首部气象地方性法规。《中华人民共和国气象法》施行以来，贵州气象法治和标准体系建设进一步完善，先后颁布了《贵州省气象灾害防御条例》《贵州省气候资源开发利用和保护条例》《贵州省人工影响天气管理办法》《贵州省防雷减灾管理办法》《贵州省施放气球管理办法》。《贵州省气象条例》经贵州省人大修订后重新颁布并于2010年1月施行。《贵州省人工影响天气条例》经贵州省第十二届人民代表大会常务委员会第三十一次会议通过，自2018年1月1日起施行。2006年贵州省大气标准化技术委员会成立，2015年改为贵州省气象标准化技术委员会，吸收了来自农业、林业、国土、民政、水利、水电等部门专家参与气象标准化建设。先后承担了《气象服务术语》《人工影响天气作业点防雷技术规范》等国家、行业标准制定，完成了《贵州省干旱标准》等23项地方标准。2016年"社会管理和公共服务标准化试点（贵州防雷标准化试点）"通过国标委验收挂牌。气象法规标准体系的建立和完善为气象业务、气象服务、气象现代化建设、气象防灾减灾提供了有力的保障。

▲ 2001年11月29日，《贵州省人工影响天气管理办法》新闻发布会现场

▲《贵州省人工影响天气管理办法》自2001年12月1日起施行

▲ 2006年6月8日，贵州省气象局举办全省气象行政执法培训班（图为培训现场）

▲ 2004年12月23日，贵州省人大组织召开《气象法》颁布实施五周年纪念座谈会，省民政厅、省气象局等单位负责人参加座谈会

▲ 2006年6月12日,《贵州省气象灾害防御条例(草案)》省内立法调研(图为贵州省政府法制办副主任肖祖才(左二)、省气象局纪检组长韩先建(右二)等在毕节召开调研座谈会)

▲ 2007年11月,《贵州省气象灾害防御条例》颁布施行新闻发布会在贵州省人大会场召开,省人大、省政府有关领导出席会议

▲ 2008年6月,贵州省气象局在贵阳市人民广场开展"安全生产月"气象法律法规知识宣传,省气象局纪检组长韩先建(右二)在活动现场发放宣传册

▲ 2009年6月,西南区域气象中心法律法规知识现场竞赛,贵州省气象局获二等奖

▲ 2009年7月3日,中国气象局"华云杯"气象法律法规知识竞赛贵州省抽奖仪式在贵州省气象局举行

▲ 2009年10月,举办贵州"气象短信杯"气象法律法规知识竞赛

▲ 2010年11月，贵州省气象科技服务暨防雷减灾规范化建设现场会召开，进一步强调加强防雷减灾工作

▲ 2012年11月，《气象设施和气象探测环境保护条例》学习宣传贯彻座谈会召开

▲ 2013年9月，贵州省人大农委开展《中华人民共和国气象法》执法检查在松桃苗族自治县召开座谈会

▲ 2013年12月，贵州省人大农委与贵州省气象局到广东进行贵州省人工影响天气条例立法调研，图为在广东省气象局座谈会现场

▲ 2017年9月30日，贵州省第十二届人民代表大会常务委员会第三十一次会议通过《贵州省人工影响天气条例（草案）》（图为表决现场）

▲ 2019年10月31日，贵州省气象局在施秉县立开展立法调研

开放与合作篇

近年来,贵州省气象局多次接待外籍专家、考察团来黔交流,秉持以开放包容的姿态面对世界各国人士,加强互学互鉴,共同提升气象事业发展水平。

深化部门合作,共同推进防灾减灾工作。近年来,气象部门与国土、水文、林业、交通、旅游、农业、民政等部门,与国家气象信息中心、广东省气象局等单位,南京信息工程大学、贵州师范大学等高校分别签订了合作协议,重点就开展行业气象观测、联防联动、安全生产、联合科研、定期交流等方面开展合作。

▲ 2004年9月16日，美国MCG电子公司防雷专家葛豪龙（中）一行前往贵州省考察

▲ 2007年6月4日，亚非考察团参观贵阳市气象局

▲ 2015年8月27日,中国气象局、贵州省气象局召开省部合作协议(图为会议现场)

▲ 2015年,贵州省气象局与贵州电网有限责任公司签订战略合作框架协议

▲ 2017年3月3日,贵州省气象局与多彩贵州网签署战略合作协议

▲ 2017年3月13日,贵州省气象局与广东省气象局签署合作框架协议

党建与气象精神文明建设篇

　　70年来，贵州省气象局在致力做好气象服务的同时，认真抓好精神文明建设，以思想道德、文明创建、文体活动等为载体，紧密结合部门工作实际，牢固树立"防灾减灾、气象先行"的贵州气象工作理念，积极倡导"爱国、敬业、诚信、友爱"的价值取向，弘扬和培育以"开放创新、团结奋进"为核心的贵州时代精神和"准确、及时、创新、奉献"的新时期气象精神，切实发挥气象精神文明建设凝聚人心、汇聚力量的强大政治作用，全力推进气象事业持续、稳定、健康发展。全省气象部门以满庭芳菲的精神文明建设成果，诠释着气象精神文明建设与气象事业统筹发展的良好格局。

精神文明建设

▶ 思想道德建设

▲ 1996年10月25日，贵州省气象局团工委组织青年参观遵义会址，接受红色传统教育

▲ 2001年6月13日，贵州省气象局组织离退休职工重走长征路（图为在遵义会议会址参观）

▲ 2008年,安龙县气象局被中国气象局评为全国气象部门廉政文化示范点

▲ 2008年2月29日,贵州省直机关工委召开"抗凝冻 保民生"先进事迹表彰大会(图为贵州省气象局先进党员丁晓红(前排中)在领奖席上)

▲ 2009年,贵州省气象部门基层台站史编纂培训会全体人员留影

▲ 2012年,贵州省气象局团工委开展纪念建团90周年座谈会

▲ 2012年,贵州省气象局获贵州省直机关工委2010—2012创先争优先进基层党组织

▲ 2014年,贵州省气象局组队参加省直机关工会第七片区"学精神聚共识、增合力促发展"知识竞赛,在十三个参赛队中脱颖而出,荣获第一名的好成绩

▲ 2016年,开展以"从严强管理,从实提效益——共创工作新业绩"为主题的谈心月活动

▶ **文明创建**

▲ 2002年5月,贵州省气象局团工委获全省五四红旗团委

▲ 2002年,贵州省气象局获中国气象局表彰的文明系统称号(图为中国气象局副局长李黄(右一)为贵州省气象局授牌)

▲ 2003年7月1日，在贵州省气象局举办的纪念建党82周年会议上，贵州省文明办领导向贵州省气象局授牌全国精神文明建设工作先进单位

▲ 2003年，贵州省气象部门"文明行业"授牌仪式

▲ 2010年11月25日,九三学社贵州省委直属气象支社成立大会

▲ 2013年9月22日,贵州省气象局后勤服务中心工会获中国农林水利工会"全国气象行业模范职工小家"荣誉

▲ 2015年,贵州省气象台获共青团贵州省委"青年文明号"荣誉称号

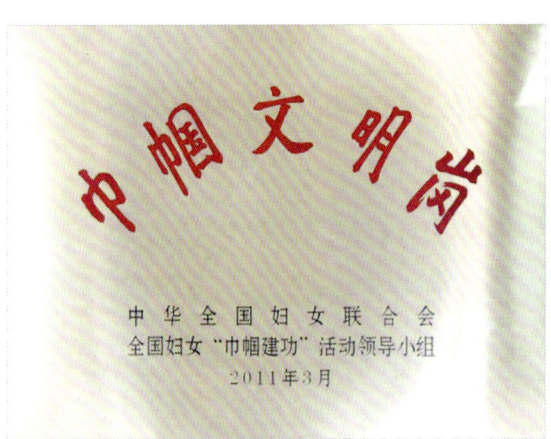

▲ 2011年，贵州省人工影响作业指挥中心（现贵州省人工影响天气办公室）被全国妇女联合会授予"巾帼文明岗"称号

▲ 2018年，贵州省人工影响天气办公室获贵州省人力资源和社会保障厅、贵州省气象局联合表彰"全省气象工作先进集体"

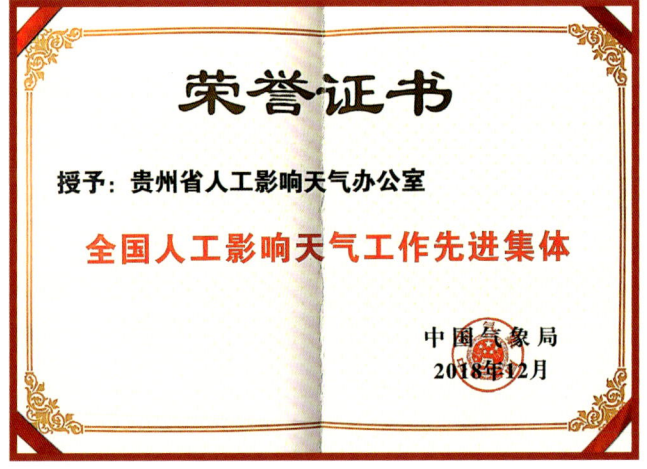

▲ 2018年，贵州省人工影响天气办公室获中国气象局表彰"全国人工影响天气工作先进集体"

▲ 2016年8月11日，贵州省文明办专职副主任朱文东（左）、原省直机关工委副书记郭焱（右）在观看贵州省气象局文明创建展板

◀ 2016年11月8日，九三学社贵州省直气象支社召开换届大会，选举产生新一届支社领导班子，九三学社贵州省委专职副主委程绍雨一行4人出席会议，气象支社全体社员参会（图为参会人员合影）

2017年3月31日，贵州省气候中心张娇艳（后排左三）代表贵州省气象局参加了省直团工委组织的"我把青春献给党"主题演讲比赛（图为全体参赛选手合影）▶

2017年,贵州省气象局获2015—2017年度全省文明单位

黔东南黎平县气象局获全国气象部门文明服务示范单位授牌仪式

遵义地区气象局获全国文明服务示范单位授牌仪式

▶ 志愿者服务

▲ 2003年4月，传染性非典型肺炎期间贵州省气象局组织人员为预防传染性非典型肺炎分发药物

▲ 2010年，贵州省气象局组织抗旱救灾捐款活动

▲ 2012年，贵州省气象局在六盘水市水城县开展"四帮四促"暨气象防灾减灾科普宣传活动

▲ 2012年2月28日，贵州省气象局与贵州省残联举办帮扶雷山联席会

▲ 岗位学雷锋，传递社会道德正能量——2017年4月11日，贵州省建设执业资格教育培训会务组负责人将一面"拾金不昧，优质服务"的锦旗送到了黔云培训中心会务服务员李秀（中）手中

▲ 2008年，贵州省气象局向汶川灾区捐款

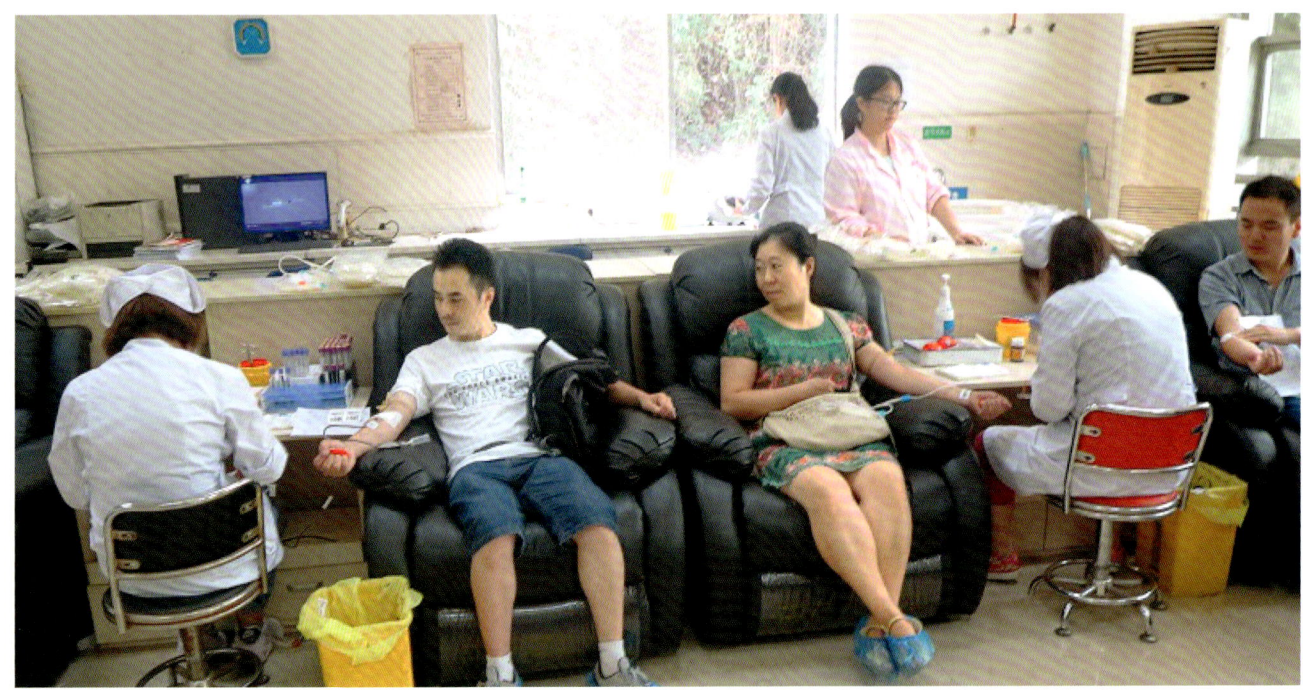

▲ 为弘扬"救死扶伤"的人道主义精神，贵州省气象局每年组织干部职工参加无偿献血活动（图为 2016 年无偿献血活动现场）

▲ 2017 年，无偿献血志愿服务活动全体志愿者合影留念

▶ 文体活动

▲ 2011年，贵州省气象局参加第三届全国气象行业运动会获优育道德风尚奖

▲ 2012年，贵州省气象局举办全省气象部门第二届职工男子篮球赛

▲ 2012年，贵州省举办全省气象部门第二届职工男子篮球赛开幕式现场

▲ 2015年2月15日，贵州省气象局举办迎新春拔河比赛

▲ 2015年，贵州省气象局举办"和谐杯"职工篮球赛

▲ 2016年，贵州省气象部门第五届职工男子篮球赛开赛

▲ 2016年，贵州省气象部门第五届男子篮球赛上，贵州省气象局领导与冠军铜仁市气象局篮球队合影

▲ 2017年，贵州省气象局举办"庆国庆"职工气排球友谊赛队员合影留念

▲ 2017年，贵州省气象局举办"庆国庆"职工气排球友谊赛（图为比赛现场）

▲ 2017年，贵州省气象局举办"和谐杯"职工5人制男子足球友谊赛现场

▲ 2017年,贵州省气象局代表队参加"幸福贵州 健美女性"2017年度"体育彩票杯"三八妇女健身操(舞)大赛并获优秀奖

▲ 2018年10月23—26日,贵州省气象局代表队参加在四川成都举办的首届全国气象部门职工羽毛球比赛(图为参赛人员合影留念)

▲ 2019年2月18—19日，在贵州省体育局、贵州省直属机关工会工委主办的2019年"贵州动起来"红红火火过大年全民健身系列活动气排球比赛中，贵州省气象局女子代表队荣获第三名

▲ 贵州省气象局举办第二届全省气象职工文艺汇演

▲ 2003年8月1日，以"建设气象文化 弘扬时代精神"为主题的贵州省气象部门第三届文艺汇演在贵阳举办

▲ 2008年,贵州省气象局创作的反映防雷减灾话剧小品《回访》,在省直机关工委举办的戏剧小品比赛中荣获创作一等奖、表演三等奖

▲ 2009年10月12日,贵州省气象局代表队表演的舞蹈《布依姑娘》在全国气象系统文艺汇演中荣获三等奖

▲ 2008年7月,贵州省气象局举办全省气象职工摄影书法绘画作品展

▲ 2008年10月,贵州省气象局举办"风雨同行 和谐发展"贵州省气象部门第四届文艺汇演

▲ 2008年2月2日,团省委组织文艺工作者赴贵阳市气象局慰问在雨雪冰冻期间坚守在业务一线的气象职工

▲ 2015年,贵州省气象局举办迎新春联欢会

▲ 2008年7月2日,贵州省气象局职工足球队与贵阳空中交通管制中心足球队在贵州师范大学进行足球比赛

纪检监察

认真履行党风廉政建设"两个责任",层层落实管党治党政治责任。坚持贵州纪检"三个一"工作制度,推进干部约谈常态化;强化监督执纪问责,实践运用监督执纪"四种形态",严明党的纪律,依纪依规开展执纪审查;开展党风廉政宣传教育及警示教育活动,增强廉洁意识,组织党员干部到基地接受警示教育;加强廉政文化建设,举办廉政文化展,创建廉政文化进机关示范点,创办党风廉政电子期刊;督促巡视巡察整改,实现巡察全覆盖;开展工作风险和廉政风险排查,制定防范措施,完善内控制度;实现审计工作全覆盖。

▲ 贵州省气象局编写的电子期刊《气苑兰花草》

▲ 2011年，贵州省副省长禄智明（右）参观指导廉政文化建设工作

▲ 2018年，贵州省气象局对市（州）气象局开展巡察工作

▲ 贵州省气象部门 2018 年纪检组长汇报会暨纪检工作座谈会

▲ 2018 年，巡视"回头看"动员会

▲ 2018年，贵州省气象局组织党员到警示教育基地（王武监狱）开展警示教育

▲ 贵州省气象局荣获2008年全国气象部门廉政文化示范点

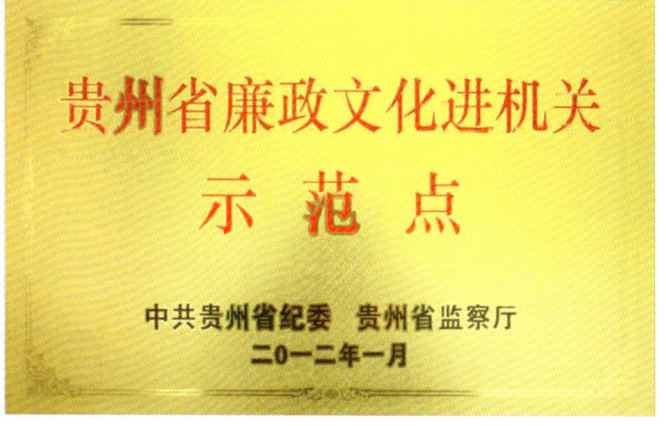

▲ 贵州省气象局荣获2012年贵州省廉政文化进机关示范点

▲ 贵州省气象局召开全省气象部门党风廉政建设工作会议

▲ 贵州省气象局荣获 2005—2007 年度审计先进单位

老干部工作

多年来，贵州省气象局党组高度重视老干部工作，离退休干部各项政治生活待遇全面落实。管理体制健全，措施到位，老干部队伍和谐稳定。加强离退休党建工作，加大党费对离退休干部党组织活动的支持力度。按照标准化建设，建成两个老干部党员活动室。积极组织开展正能量活动。组织开展老年乒乓球、老年声乐活动，建立了老同志书画室，积极开展或参加中国气象局和贵州省委老干部局组织的各类正能量活动。

▲ 2004年1月16日，贵州省气象局党组书记、局长李玉柱春节慰问离退休干部

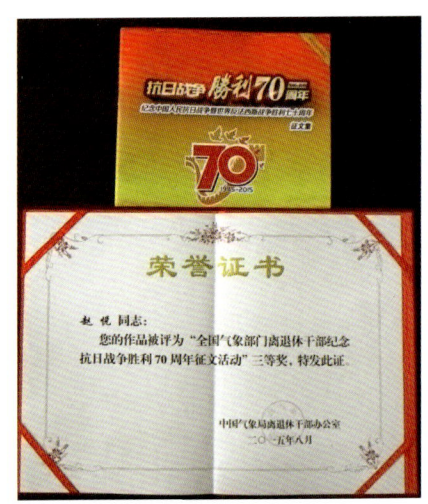

▲ 2015年，贵州省气象局离退休干部赵悦参加全国气象部门离退休干部纪念抗日战争胜利70周年征文活动获三等奖

▲ 2015年，贵州省气象局组织退休女职工开展活动

▲ 2016年，贵州省气象局组织离退休干部参加贵州省直属单位老干部健身运动会

▲ 2016年，贵州省气象局离退休干部情况工作通报会

◀ 2016年，贵州省气象局老年乐队活动

▲ 2016年，贵州省气象局离退休支部开展学习活动

▲ 2017年，贵州省气象局离退休老同志创作的书画作品

▲ 2018年，贵州省气象局组织离退休职工参加省直单位不忘初心文艺汇演

▲ 2019年，贵州省气象局离退休党员标准化党员活动室